山东省高等学校土木结构防灾减灾协同创新中心项目资助
山东省高等学校科技计划项目(J17KA207)资助

钢筋套筒灌浆连接技术研究

郑永峰 著

中国矿业大学出版社
·徐州·

内 容 提 要

　　预制构件主要受力筋的可靠连接是保证装配式混凝土结构具有良好抗震性能的关键。钢筋套筒灌浆连接由于不受钢筋直径大小、荷载类别及房屋高度等的限制,因此是目前装配式混凝土结构中应用最广泛的一种钢筋连接方式。本书基于无缝钢管滚压套筒,详细介绍了钢筋套筒灌浆连接的结构性能、工作机理,以及套筒内腔结构、灌浆料物理力学性能等参数对钢筋连接性能的影响,并提出了钢筋套筒灌浆连接的设计方法。

　　本书可作为土木专业研究生的参考读物,也可供相关领域的科研人员和工程结构设计参考。

图书在版编目(C I P)数据

钢筋套筒灌浆连接技术研究/郑永峰著. —徐州:
中国矿业大学出版社,2019.12
　ISBN 978 - 7 - 5646 - 4566 - 3

　Ⅰ. ①钢… Ⅱ. ①郑… Ⅲ. ①钢筋—套筒—灌浆—连接技术—研究 Ⅳ. ①TU755.6

　中国版本图书馆 CIP 数据核字(2019)第 299864 号

书　　名	钢筋套筒灌浆连接技术研究
著　　者	郑永峰
责任编辑	何晓明
出版发行	中国矿业大学出版社有限责任公司
	（江苏省徐州市解放南路　邮编221008）
营销热线	(0516)83884103　83885105
出版服务	(0516)83995789　83884920
网　　址	http://www.cumtp.com　E-mail:cumtpvip@cumtp.com
印　　刷	江苏淮阴新华印务有限公司
开　　本	787 mm×1092 mm　1/16　印张 9.25　字数 230 千字
版次印次	2019 年 12 月第 1 版　2019 年 12 月第 1 次印刷
定　　价	36.00 元

（图书出现印装质量问题,本社负责调换）

前　言

随着"建筑工业化、住宅产业化"理念的不断发展,近年来国内众多学者开展了预制装配混凝土结构的研究工作,装配式混凝土结构在我国的应用开始走出低谷,呈上升趋势。预制构件主要受力筋的可靠连接是保证装配式混凝土结构具有良好抗震性能的关键。目前国内外装配式混凝土结构中的钢筋连接方法主要包括钢筋浆锚搭接连接和钢筋套筒灌浆连接。其中,套筒灌浆连接方式由于不受钢筋直径大小、荷载类别及房屋高度的限制,适用范围较广。但国内市场上已有的灌浆套筒产品价格过高,已成为制约我国装配式混凝土结构推广应用的重要因素之一。

本书在总结国内钢筋套筒灌浆连接技术的基础上,研发了一种新型无缝钢管滚压套筒,综合运用试验研究及理论分析对基于该套筒钢筋连接接头的结构性能、工作机理、连接性能影响参数及施工工艺等进行了深入研究。主要内容如下:

1. 对现有国内外的灌浆套筒产品进行了对比分析,总结了国内外钢筋套筒灌浆连接研究成果,指出了现有研究工作的不足,为新型灌浆套筒的设计研发提供了研究基础和分析思路。

2. 对新型滚压灌浆套筒——GDPS(Grouted Deformed Pipe Splice)灌浆套筒进行可行性研究。该套筒利用低合金无缝钢管,通过滚压工艺冷加工而成,这种加工方式使得该套筒加工材料利用率高,并可批量化生产。套筒外表面布有多道环状倒梯形凹槽,内壁布有多道滚压被动形成的凸环肋,用来提高套筒与外部构件混凝土及内部填充灌浆料间的黏结强度。通过单向拉伸及反复拉压试验对该套筒灌浆连接的承载力、残余变形、钢筋锚固段黏结应力分布规律进行了研究,结果表明:在满足 7 倍钢筋锚固长度的情况下,接头的承载力和残余变形均满足国内外规范的相关规定,验证了 GDPS 灌浆套筒连接的可行性。

3. 根据套筒表面应变变化及分布规律,对 GDPS 套筒的约束机理进行了研究。同时基于接触分析理论,采用 ANSYS 有限元软件,对 GDPS 套筒灌浆连接的传力过程进行了数值模拟,得出了套筒应变沿轴向及径向的分布规律以及套筒内腔环肋处接触压力随荷载增大的变化规律。根据试验及数值模拟结果对套筒的约束作用进行了量化,并据此推出了钢筋套筒灌浆连接的黏结承载力计算公式,计算值与试验值吻合良好。

4. 灌浆料作为钢筋套筒灌浆连接中的黏结材料,其性能对连接的可靠性有重要影响。通过物理力学性能试验对灌浆料的抗折强度、抗压强度、尺寸效应、流动度、早期和长期体积稳定性等进行了研究,并推导了灌浆料龄期强度预测公式及抗折强度和抗压强度的关系公式。然后,基于厚壁圆筒模型及接头养护阶段光圆套筒表面应变测量结果,得出了灌浆料的名义弹性模量、体积膨胀率及不同材料间的界面初始压力,并通过单向拉伸试验对理论分析结果进行了验证。最后,根据灌浆料名义弹性模量,采用厚壁圆筒模型对套筒最大径厚、灌浆料最大体积膨胀率及套筒径厚比和灌浆料浆体厚度与界面接触压力的关系进行了推导。

5. 为研究套筒内腔结构、套筒截面尺寸、灌浆料强度、钢筋锚固长度对 GDPS 套筒灌浆连接性能的影响,设计了不同参数的接头试件,并进行了单向拉伸试验研究。根据接头承载力和荷载-变形曲线试验结果,对连接接头的结构性能影响因素进行了参数分析。最终根据参数分析结果,提出了 GDPS 套筒灌浆连接接头的设计方法,包括钢筋非弹性段的计算方法、套筒构造要求等,并推出了五参数钢筋黏结承载力计算经验公式,计算值与试验值吻合良好。

6. 为便于 GDPS 套筒的推广应用，解决工程中套筒灌浆连接的施工应用细节，根据套筒特点，对套筒专用的钢筋限位销、端部密封塞、模板固定件等配套产品进行了研发。同时，为确保钢筋套筒灌浆连接施工质量，提出了一套较完整的施工工艺控制措施。

笔者在此衷心感谢郭正兴教授、朱张峰副教授、肖全东副教授、于建兵博士、管东芝博士等长期以来的指导和支持。

由于作者水平有限，书中难免有疏漏与表述不当之处，恳请广大同行和读者予以指正。

郑永峰
2019 年夏于济南

目　　录

第1章 绪 论

1.1 研究背景

《国民经济和社会发展第十二个五年规划纲要》中指出:"面对日趋强化的资源环境约束,必须增强危机意识,树立绿色、低碳发展理念,以节能减排为重点,健全激励与约束机制,加快构建资源节约、环境友好的生产方式和消费模式,增强可持续发展能力,提高生态文明水平。"国家发展改革委和住房城乡建设部制订的《绿色建筑行动方案》中,将"推动建筑工业化"作为一项重点任务提出。2017年3月,住建部在《"十三五"装配式建筑行动方案》中提出了两个总目标:① 到2020年,全国装配式建筑占新建建筑的比例达到15%以上,其中重点推进地区达到20%以上,积极推进地区达到15%以上,鼓励推进地区达到10%以上;② 到2020年,培育50个以上装配式建筑示范城市,200个以上装配式建筑产业基地,500个以上装配式建筑示范工程,建设30个以上装配式建筑科技创新基地,充分发挥示范引领和带动作用。

新型建筑工业化是以构件预制化生产、装配式施工为生产模式,以设计标准化、构件生产工厂化、施工机械化、组织管理科学化为特征,能够整合设计、生产、施工等整个产业链,实现建筑产品节能、环保、全生命周期价值最大化的可持续发展的新型建筑生产方式。推进新型建筑工业化是实现建筑业转型发展的根本途径,对于促进建筑业和建材业融合、提高建筑业科技含量和生产效率、保障建筑工程质量和安全、降低资源消耗和环境污染具有十分重要的意义。

装配式混凝土结构具有工业化程度高、节省材料、污染小、施工方便、现场湿作业量及工人数量少、预制构件质量便于控制、建造周期短、投资回收快等优点,是新型建筑工业化发展的方向。随着"建筑工业化、住宅产业化"理念的不断发展,国内众多学者开展了预制装配混凝土结构的研究工作,装配式混凝土结构在我国的应用开始走出低谷,呈上升趋势。

预制构件主要受力筋的可靠连接是保证装配式混凝土结构具有良好抗震性能的关键,也是装配式混凝土结构能够推广应用的关键。目前,国内外预制装配结构中的钢筋连接主要有两种方式:一种为钢筋浆锚搭接连接,是指在预制混凝土构件中采用特殊工艺制成的孔道内插入需搭接的钢筋,并灌注水泥基灌浆料而实现的钢筋搭接连接方式,多用于墙板结构中;另一种为钢筋套筒灌浆连接,是指在预制混凝土构件内预埋的金属套筒中插入钢筋并灌注水泥基灌浆料而实现的钢筋对接连接方式。《装配式混凝土结构技术规程》(JGJ 1—2014)[1]中规定:"直径大于20 mm的钢筋不宜采用浆锚搭接连接,直接承受动力荷载构件的纵向钢筋不应采用浆锚搭接连接";"装配整体式框架结构中,当房屋高度大于12 m或层数超过3层时,预制柱的纵向钢筋连接宜采用套筒灌浆连接"。由此可见,钢筋套筒灌浆连接方式的适用范围更广,不受钢筋直径大小、荷载类别及房屋高度等的限制,可靠性更高。

钢筋套筒灌浆连接工艺原理如图 1-1 所示,上层竖向构件在工程预制时,其钢筋下端安装灌浆套筒,并与模板固定,引出灌浆和出浆孔;下层竖向构件上部钢筋预留一段长度,现场装配时将其伸入上层构件预埋灌浆套筒内;从套筒下部灌浆孔注入灌浆料,待灌浆料从出浆孔溢出时停止灌浆,灌浆料结硬后即完成装配。

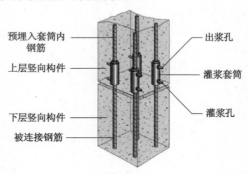

图 1-1   钢筋套筒灌浆连接工艺原理示意图

钢筋套筒灌浆连接方式属于机械连接的一种,由于预制构件的纵筋通常在同一连接区段内 100% 连接,并且竖向承重构件连接区域通常位于箍筋加密区,因此《钢筋套筒灌浆连接应用技术规程》(JGJ 355—2015)[2]提出了比 I 级接头更高的性能要求。针对钢筋套筒灌浆连接方式独特的工作机理,JGJ 355—2015 中增加了偏置单向拉伸强度检测(一端钢筋插入灌浆套筒中心,一端钢筋偏置后钢筋横肋与套筒壁接触);接头出现钢筋非断裂破坏时,JGJ 355—2015 中规定接头的抗拉强度应达到连接钢筋抗拉强度标准值的 1.15 倍,而 JGJ 107—2016[3]则要求 1.1 倍。两个规程规定的具体性能指标详见表 1-1。

表 1-1   连接接头性能指标

JGJ 107—2016			JGJ 355—2015		
项目	I 级接头变形性能要求	强度	项目	变形性能要求	强度
偏置单向拉伸	—	—	偏置单向拉伸	—	$f_u > f_{buk}$ 断于钢筋;$f_u > 1.15 f_{buk}$ 断于接头
对中单向拉伸	残余变形 /mm	$u_0 \leq 0.10$ $(d \leq 32)$;$u_0 \leq 0.14$ $(d > 32)$	$f_u > f_{buk}$ 断于钢筋;$f_u > 1.10 f_{buk}$ 断于接头	对中单向拉伸	残余变形 /mm	$u_0 \leq 0.10$ $(d \leq 32)$;$u_0 \leq 0.14$ $(d > 32)$
	最大力下总伸长率/%	≥ 6.0			最大力下总伸长率/%	≥ 6.0
高应力反复拉压	残余变形 /mm	$u_{20} \leq 0.3$		高应力反复拉压	残余变形 /mm	$u_{20} \leq 0.3$
大变形反复拉压	残余变形 /mm	$u_4 \leq 0.3$ 且 $u_8 \leq 0.6$		大变形反复拉压	残余变形 /mm	$u_4 \leq 0.3$ 且 $u_8 \leq 0.6$

　　表 1-1 中，f_u 为接头实测抗拉强度；f_{buk} 为钢筋抗拉强度标准值；u_0 为接头试件加载至 $0.6f_{byk}$ 并卸载后在规定标距内的残余变形，f_{byk} 为钢筋屈服强度标准值；u_{20} 为接头试件按规定加载制度经高应力反复拉压 20 次后的残余变形；u_4 为接头试件按规定加载制度经大变形反复拉压 4 次后的残余变形；u_8 为接头试件按规定加载制度经大变形反复拉压 8 次后的残余变形。

　　除性能指标差异外，JGJ 355—2015 和 JGJ 107—2016 在工艺检验和施工过程检验方面也有差异：① JGJ 355—2015 要求构件生产前做一次工艺检验，如构件生产前检验试件的灌浆施工单位(队伍)与现场不同，现场施工前应再做一次；JGJ 107—2016 则要求现场施工前做一次。② JGJ 355—2015 要求对埋入构件前抽检接头质量，1 000 个接头为一组，施工过程中不要求，不可复检；JGJ 107—2016 则要求施工过程中抽检，500 个接头为一组，10 组连续合格可扩大为 1 000 个，允许复检。

　　钢筋套筒灌浆连接方式是国外发达国家主要采用的一种预制构件钢筋连接方式，在抗震设防区的大量高层建筑中得到应用，并经受了多次强烈地震的考验[4-5]。而我国的钢筋套筒灌浆连接技术的研究、应用起步较晚，国内市场上现有的灌浆套筒种类少，价格远高于现浇结构中采用的螺纹套筒。以国产灌浆套筒为例，单根 ⼟25 钢筋配套的灌浆套筒单价 35 元左右，是现浇钢筋混凝土结构中使用的螺纹套筒价格的 20～25 倍，一个接头所需的灌浆料成本约 5 元，若假设框架柱配置 12 根纵筋，则一根框架柱中仅连接接头的直接成本就达到 480 元。若采用国外灌浆套筒，接头的直接成本会更高。灌浆套筒过高的价格已在一定程度上抵消了装配式混凝土结构的诸多优点，装配式建筑过高的成本投入也成为直接制约装配式混凝土结构推广应用的主要因素之一(图 1-2)，因此迫切需要研发一种生产工艺简单、价格相对便宜、性能可靠的新型灌浆套筒。

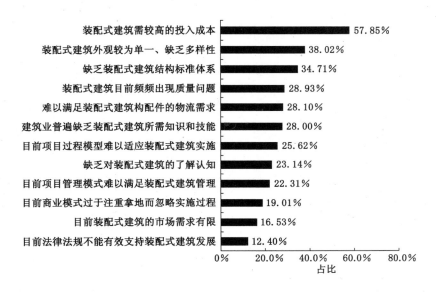

图 1-2　装配式建筑建造难点

1.2　研究现状和存在的问题

1.2.1　国内外灌浆套筒产品及工程应用

钢筋连接用灌浆套筒是采用铸造工艺或机械加工工艺制造,用于钢筋套筒灌浆连接的金属套筒,简称灌浆套筒[6]。套筒采用铸造工艺制造时宜选用球墨铸铁,材料应符合《球墨铸铁件》(GB/T 1348—2009)[7]中的规定。采用优质碳素结构钢、低合金高强度结构钢、合金结构钢加工的套筒,其材料的机械性能应符合《优质碳素结构钢》(GB/T 699—2015)[8]、《结构用无缝钢管》(GB/T 8162—2018)[9]、《低合金高强度结构钢》(GB/T 1591—2018)[10]和《合金结构钢》(GB/T 3077—2015)[11]的规定。表 1-2 所列为《钢筋连接用灌浆套筒》(JG/T 398—2012)规定的各类套筒的材料性能。

表 1-2　各类套筒的材料性能指标

球墨铸铁套筒		各类钢套筒	
项目	性能指标	项目	性能指标
抗拉强度/MPa	≥600	屈服强度/MPa	≥355
延伸率/%	≥3	抗拉强度/MPa	≥600
球化率/%	≥85	延伸率/%	≥16

灌浆套筒按结构可分为全灌浆套筒和半灌浆套筒,全灌浆套筒两端均采用套筒灌浆连接;半灌浆套筒一端采用套筒灌浆连接,另一端采用螺纹等其他方式连接,如图 1-3 所示。

注意:D 不包括灌浆孔、排浆孔外侧因导向、定位等其他目的而设置的比锚固段环形凸起内径偏小的尺寸。

(1)美国 NMB 灌浆套筒

20 世纪 60 年代末,美国结构工程师余占疏博士(Dr. Alfred A. Yee)首次提出了现在为大家所熟知的 NMB 灌浆套筒,并获得专利。他将这种技术首先应用于檀香山(火奴鲁鲁)的 38 层阿拉莫阿纳酒店的框架柱连接。当时,所用的连接套筒是锥形的。随后,他又进行了一系列的改进与创造,发明了圆柱形套筒、适用于搭接连接的套筒等。1973 年,钢筋套筒灌浆连接技术首次被引入日本。1982 年,日本土木工程学会(JSCE)正式承认了 NMB 接头连接体系,并作为预制钢筋混凝土构件灌浆接头的施工依据。1983 年,美国混凝土协会(ACI)在报告中将 NMB 接头连接列入钢筋连接主要技术之一。此后的若干年内,预制构件生产厂家以及施工承包商开始将这种套筒用于各种类型的结构连接,包括水平连接,并且不仅被用于工厂制作的构件中,也被用于现场浇筑的混凝土结构中。1995 年,在日本阪神 7.9 级大地震中,使用了该套筒连接技术的 100 余栋建筑无一损坏,充分证明了使用灌浆套筒连接技术的结构也具有出色的抗震性能[12-13]。

NMB 灌浆套筒为全灌浆套筒,采用球墨铸铁铸造而成,其外形及内腔构造如图 1-4 和图 1-5 所示。为使套筒全长具有相同的外径,以便于箍筋的加工及绑扎,对于公称直径大于或等于 22 mm 的连接钢筋用套筒,在锥形段设置了纵肋,如图 1-4(b)所示。套筒两端设置

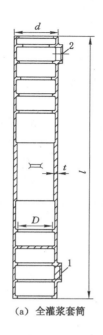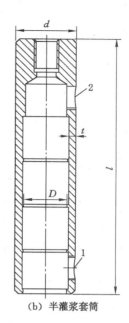

（a）全灌浆套筒　　　　　　（b）半灌浆套筒

1—灌浆孔；2—排浆孔；l—套筒总长；d—套筒外径尺寸；

D—套筒锚固段环形凸起部分的内径；t—套筒最大受力处壁厚。

图 1-3　灌浆套筒示意图[6]

多道轴对称的环肋，用来提高套筒与灌浆料间的黏结强度。套筒锥形端（孔径较小一侧）为构件预制端，另一端为现场装配端，如图 1-5 所示。

（a）直径＜22 mm钢筋连接用套筒　　　　　　（b）直径≥22 mm钢筋连接用套筒

图 1-4　NMB灌浆套筒外形

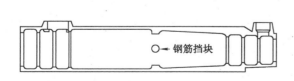

图 1-5　NMB灌浆套筒内腔构造及应用

（2）美国 Lenton© Interlok 灌浆套筒

Lenton© Interlok 套筒采用球墨铸铁铸造而成，为半灌浆套筒，一端采用锥螺纹连接，另一端采用灌浆连接，内壁布有等间距分布的轴对称环肋，用于提高套筒与灌浆料间的黏结强度，如图 1-6 所示。该套筒成功地应用于美国亚特兰大奥林匹克体育场、澳大利亚悉尼体育场及英国海布里广场等大型公共建筑。

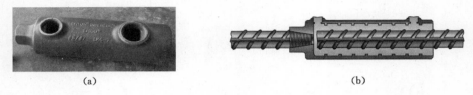

(a)　　　　　　　　　　　　　　　　　(b)

图 1-6　Lenton© Interlok 灌浆套筒

（3）日本东京铁钢灌浆套筒

日本东京铁钢灌浆套筒采用球墨铸铁铸造而成，如图 1-7 所示。其中，图 1-7（a）所示为竖向构件（墙、柱）连接用全灌浆套筒，图 1-7（b）所示为水平构件（梁）连接用全灌浆套筒。竖向构件连接用套筒与水平构件连接用套筒相比，具有更大的外径和内径。同时，水平构件连接用套筒为固定水平钢筋，在套筒上半部分每端设有一个钢筋固定螺栓，并在套筒下半部分沿套筒全长设置内壁凸肋。图 1-7（c）所示为半灌浆套筒，一端采用直螺纹连接，一端灌浆连接。

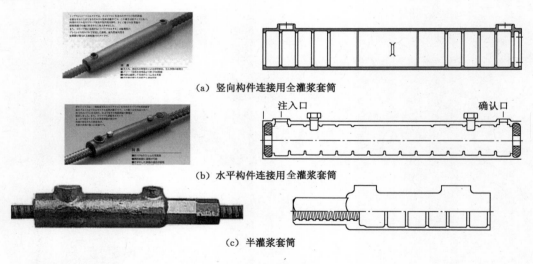

（a）竖向构件连接用全灌浆套筒

（b）水平构件连接用全灌浆套筒

（c）半灌浆套筒

图 1-7　东京铁钢灌浆套筒

（4）澳大利亚 ReidBar Grouter 灌浆套筒

图 1-8 所示为澳大利亚 ReidBar Grouter 半灌浆套筒外形及内腔构造，采用球墨铸铁铸造而成，一端连接 ReidBar 钢筋，另一端连接其他标准钢筋，套筒灌浆端均匀设置多道环状凸肋。

（5）润泰灌浆套筒[14-16]

我国台湾润泰集团结合欧洲、日本及台湾地区的建造施工技术，提出了具有创新建筑工

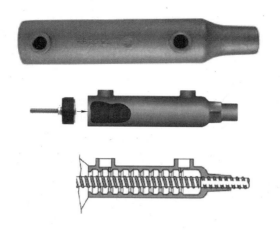

图 1-8 ReidBar Grouter 半灌浆套筒

艺的润泰预制结构施工体系,包含灌浆套筒连接梁柱节点、多螺箍筋柱及全套生产组装技术。其自主研发的钢筋套筒灌浆连接技术自 2005 年 6 月起全面应用至今,已累计在 24 个装配式预制项目中使用,钢筋套筒灌浆连接接头的使用量约计达到 14 万个。图 1-9 所示为润泰灌浆套筒,采用球墨铸铁铸造而成,为全灌浆套筒。为提高套筒与灌浆料间的黏结强度,套筒内壁设置多道轴对称凸环肋。

图 1-9 润泰灌浆套筒

(6)"砼的"灌浆套筒

深圳市现代营造科技有限公司生产的"砼的"灌浆套筒为球墨铸铁半灌浆套筒,一端为直螺纹连接,一端为灌浆连接,其外形和内腔构造如图 1-10 所示。

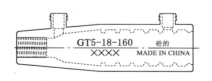

图 1-10 "砼的"灌浆套筒

(7) JM 系列灌浆套筒[17-18]

北京建茂建筑设备有限公司(以下简称"北京建茂")针对公称直径14~25 mm 的 HRB400 钢筋套筒灌浆连接技术进行开发,于 2010 年年初研制出了 JM 灌浆套筒和 CGMJM-Ⅵ型接头专用灌浆料,并在北京中粮万科假日风景 D1、D8 楼(装配式剪力墙结构)

进行应用。2011 年,北京建茂又立项开展了 HRB400 级 28~40 mm 的大直径钢筋连接用灌浆套筒及配套灌浆料的研发。

北京建茂 JM 系列灌浆套筒采用优质碳素结构钢(或合金结构钢)的轧制圆钢或多角型钢通过数控车床切削加工而成,为半灌浆套筒,一端为滚轧直螺纹连接,另一端为灌浆连接,套筒内壁通过切削加工设有防止钢筋从套筒内拔出及伸入的防退和止进斜坡,其外形及内腔构造如图 1-11 所示。

图 1-11　JM 系列灌浆套筒

（8）OVM 套筒

柳州欧维姆机械股份有限公司针对桥梁预制拼装技术,对灌浆式钢筋连接技术进行了研究,研发了 GT 型钢筋连接用灌浆套筒体系的成套技术,包括全灌浆套筒与半灌浆套筒两种产品。套筒均采用球墨铸铁铸造,内腔均匀设置多道环状凸肋,如图 1-12 所示。

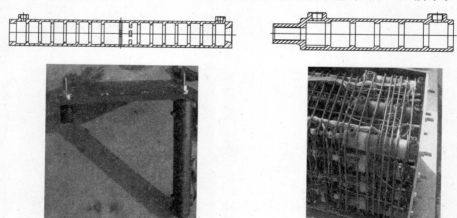

图 1-12　OVM 套筒

（9）灌浆套筒产品参数对比

从以上灌浆套筒产品可知,除北京建茂 JM 系列灌浆套筒为机械加工成型外,其余均为球墨铸铁铸造套筒。这是由于球墨铸铁是韧性最好的一种铸铁材料,含碳量 3%~4%,弹性模量约为钢的 86%。尽管塑性和韧性低于钢,但铸造工艺性能优良,适合制作一些受力复杂,强度、韧性和耐磨性要求较高的产品,铸造后经热处理能得到高强度的奥贝球墨铸铁。

由于国外铸造工艺比较先进,因而国外灌浆套筒均为球墨铸铁铸造套筒。

表 1-3 所列为以上各类套筒产品的参数对比,可以看出,不同厂家的套筒产品尺寸差别较大,国内外不同灌浆套筒产品参数产生差异的原因主要有:① 套筒制作采用的原材料种类(球墨铸铁、碳素结构钢、合金结构钢等)和力学特性不同;② 套筒的加工方法(精密铸造、机械加工)及内腔结构不同;③ 连接钢筋变形肋的形状(等高肋、月牙肋等)、尺寸及强度指标不同;④ 灌浆料的物理力学性能(强度、体积变形率等)不同,且通常要求灌浆料需与套筒配套使用。

表 1-3 公称直径 25 mm 连接钢筋用灌浆套筒产品参数对比

灌浆套筒产品名称		灌浆套筒		灌浆料
		套筒长度/mm	套筒外径/mm	28 d 抗压强度/MPa
全灌浆套筒	NMB 套筒	370	63	≥65.5 (9 500 psi)
	润泰套筒	320	64	≥82.7 (12 000 psi)
	东京铁钢套筒(竖向)	300	58	
	OVM 套筒	320	67	≥85.0
半灌浆套筒	Lenton© Interlok 套筒	219(178)	68	≥58.6(8 500 psi)
	东京铁钢套筒	298(208)	57	≥60.0
	ReidBar Grouter 套筒	360(275)	48	≥65.0
	"砼的"套筒	215(177.5)	51	≥85.0
	JM 系列套筒	256(223)	55	≥85.0
	OVM 套筒	220(160)	67	≥85.0

注:1. psi=6.895 kPa。

2. 括号内长度为套筒灌浆段长度。

1.2.2 国内外钢筋套筒灌浆连接研究现状

(1) 国外研究现状

Hayashi 等[19-20]通过试验研究给出了套筒灌浆连接接头中局部黏结应力最大值与滑移的关系。试验结果表明:在钢筋屈服之前,黏结应力随灌浆料强度的提高线性增长;在钢筋屈服阶段,黏结应力保持不变。同时,考虑钢筋锚固长度、灌浆料强度、钢筋直径等参数对钢筋套筒灌浆连接接头的结构性能进行了单向拉伸试验和循环加载试验,推出了钢筋黏结强度计算公式,但公式中未考虑套筒的约束作用。

Einea 等[21]采用普通光圆钢管设计了四类不同构造的全灌浆套筒(图 1-13),并进行了单向拉伸试验。试验结果表明:Type 1 和 Type 2 套筒由于需要较大的套筒直径和较小的现场安装容许偏差而不具备可行性。Type 4 套筒由于灌浆料不易灌满,从而造成套筒端部钢板与灌浆料间出现空隙,并且安装容许偏差较小,因此也不具备可行性。采用 Type 3 套筒的钢筋连接接头抗拉强度满足大于或等于 1.25 倍的钢筋屈服强度标准值,表现出较好的结构性能及可行性。同时,作者发现当选择合理的灌浆料强度并对灌浆料提供适当的约束时,钢筋锚固长度仅需 7d(d 为钢筋公称直径)即可满足强度要求。根据灌浆套筒表面的应变测试结果,作者考虑套筒的约束作用并对钢筋黏结强度公式进行了推导,但由于试验精度等原因,计算值与试验值偏差较大。

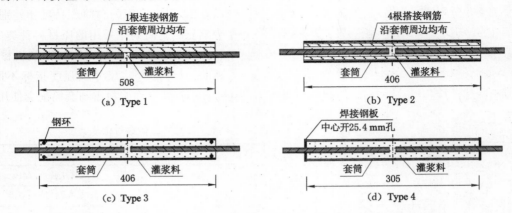

图 1-13　Einea 等设计的灌浆套筒(套筒两端的灌浆孔和出浆孔未示出)

M. Kim[22] 对 Einea 等推荐的 Type 4 套筒进行了改进,为避免灌浆料无法灌满而在灌浆料与焊接端板之间存在空隙,作者将 Type 4 套筒端部的出浆孔去除,但在套筒端部焊接钢板增开了一个出气孔,如图 1-14 所示。采用改进后的套筒制作了两个预制柱模拟预制梁柱节点,进行了低周反复试验研究。试验结果表明:灌浆料的性能和浇筑质量对灌浆套筒连接的性能有重大影响。通过严格的质量控制,该灌浆套筒连接接头可以满足抗震区的性能要求。

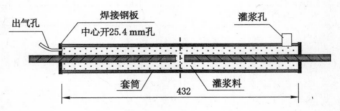

图 1-14　M. Kim 梁柱节点试验的灌浆套筒

Jansson[23] 对 NMB 套筒和 Lenton© Interlok 套筒钢筋连接接头的结构性能进行了拉伸试验及疲劳试验研究。试验结果表明:接头的抗拉强度均超过连接钢筋的 1.25 倍屈服强度标准值,并且大部分超过了钢筋的 1.5 倍屈服强度标准值。在持续荷载作用下,两种连接接头均未发现明显的徐变位移。

K. Kim[24] 设计、制作了一种两端缩口的全灌浆套筒,如图 1-15 所示。他通过单向拉伸试验和循环加载试验,对套筒的约束作用进行了研究。2012 年,他在之前试验研究的基础上,并结合一些试验的结果,对套筒的约束作用及钢筋的黏结强度进行了理论研究[25]。但由于理论研究所基于的均为内壁光圆套筒钢筋连接接头的试验结果,对于内壁带环肋的变形钢套筒的约束作用仍需进一步研究。

Ling 等[26] 设计、制作了两种不同的全灌浆套筒,如图 1-16 所示。其中,WBS 套筒构造与 Einea 等设计的 Type 2 套筒类似。通过对这两类套筒连接接头的单向拉伸试验,作者发现减小套筒直径及增加钢筋锚固长度可提高钢筋的黏结性能。同时,由于 THS 套筒相较WBS 套筒能对灌浆料提供更有效的约束,因而 THS 套筒连接接头具有更高的黏结强度。

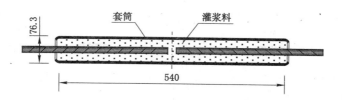

图 1-15 K. Kim 设计的灌浆套筒

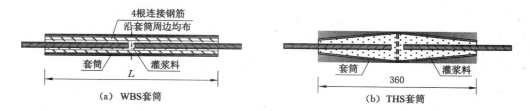

(a) WBS套筒   (b) THS套筒

图 1-16 Ling 等设计的灌浆套筒

根据试验结果,作者采用线性回归方法推出了连接钢筋的黏结强度计算方法,见式(1-1)。2014 年,Ling 等[27]又设计制作了四类灌浆套筒,并进行了可行性研究。

$$\frac{u_b}{\sqrt{f_{ug}}} = -9.037 \times 10^{-3} d_{si} - 14.642 \times 10^{-3} l_b + 4.958 \tag{1-1}$$

式中,u_b 为钢筋平均黏结应力,MPa;f_{ug} 为灌浆料抗压强度,MPa;l_b 为钢筋锚固长度,mm;d_{si} 为套筒内径,mm。

有学者设计、制作了两个预制柱、基础试件,预制柱纵筋与基础分别采用 NMB 全灌浆套筒和 Lenton© Interlok 半灌浆套筒连接(图 1-17),通过低周往复试验,对比了两种套筒连接方式的抗震性能。试验结果表明:两个试件的承载力相近,但在延性和耗能性能方面存在差异;在往复荷载作用下,试件表现出更多的刚体旋转,导致柱身仅有很少的较严重的裂缝;位移角达到 6% 时,FGSS 连接试件由于连接钢筋从套筒中拔出而破坏;位移角达到 9% 时,GGSS 连接试件由于连接钢筋断裂而破坏。GGSS 连接试件由于具有更大的位移变形和更饱满的滞回曲线,其耗能能力至少为 FGSS 连接试件的 2 倍。

Sayadi 等[28-29]通过对 8 个钢筋钢套筒灌浆连接梁式试件的静载试验及 32 个钢筋 GFRP 套筒灌浆连接接头的单向拉伸试验,对套筒弹性段和非弹性段的钢筋与灌浆料的机械咬合作用进行了研究。图 1-18(a)为文献[28]中采用的钢套筒,通过端部多组高强螺栓(每组 3 个螺栓,夹角为 120°)提高套筒与灌浆料的机械咬合。图 1-18(b)为文献[29]中采用的 GFRP 套筒,套筒两端设置多道锥形凹槽以提高套筒与灌浆料的机械咬合。针对这两种套筒,研究均发现:在钢筋弹性段增加套筒与灌浆料间的机械咬合作用会降低连接钢筋的黏结强度。

式(1-2)和式(1-3)分别为 Sayadi 等通过回归分析得出的钢套筒钢筋连接接头和 GFRP 套筒钢筋连接接头的黏结强度计算公式。

$$\frac{u_b}{\sqrt{f_g'}} = 0.95 + (1 - 2.0 \times 10^{-3} l_b) - \left[\frac{5.5\sqrt{N}(L_{lb} - 0.5\sqrt{f_g'})}{L_s^{3/2}} \right] \tag{1-2}$$

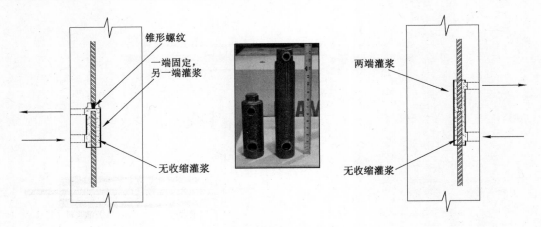

图 1-17　某学者采用的灌浆套筒

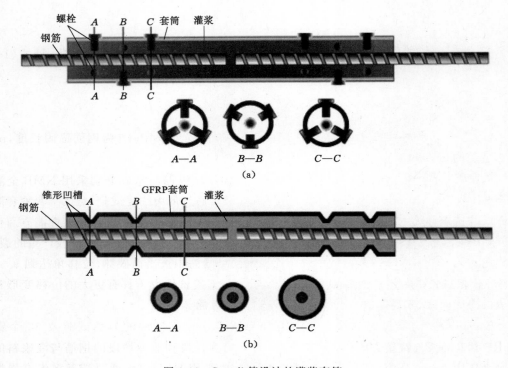

图 1-18　Sayadi 等设计的灌浆套筒

$$\frac{u_{b}}{\sqrt{f_{g}'}} = 1.95 + \left(\frac{d_{b}^{2.3}}{75.87 - 5.18 l_{b}}\right) - \frac{2.25\,(6 - N_{f})\,1.7}{d_{b}} - \frac{3\sqrt{N_{r}}\,(L_{lr} - L_{in})^{2}}{L_{s}^{2}} - \frac{35 - 0.1 L_{s}}{350}$$

(1-3)

式中，u_{b} 为钢筋平均黏结应力，MPa；f_{g}' 为灌浆料抗压强度，MPa；l_{b} 为钢筋锚固长度，mm；N 为螺栓数量；L_{lb} 为最后一个螺栓至套筒边缘的距离；L_{s} 为套筒长度，mm；d_{b} 为钢筋直径，mm；l_{b} 为钢筋锚固长度，mm；N_{f} 为碳纤维层数；N_{r} 为圆锥形肋的数量；L_{lr} 为最后一道锥形肋至套筒边缘的距离，mm；L_{in} 为套筒非弹性段长度，mm。

Henin 等[30]设计制作了一种新型灌浆套筒,该套筒采用无缝钢管制作,管壁内表面布有通过车床滚轧加工得到的螺纹,如图 1-19 所示。作者通过接头单向拉伸试验和数值模拟研究了该钢筋套筒灌浆连接的承载力以及灌浆料与套筒间的摩擦系数。试验结果表明:套筒长度取 16 倍钢筋直径时可以保证接头的极限承载力大于单根连接钢筋的极限承载力;套筒内壁切削约 3.2 mm 高的螺纹可以防止套筒与灌浆料间发生滑移破坏;设计该套筒时,灌浆料与钢筋间的等效摩擦系数可近似取 1。

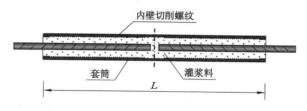

图 1-19 Henin 等设计的灌浆套筒

Seo 等[31]制作了一批墩头钢筋的半灌浆套筒灌浆连接试件,通过单向拉伸试验研究了墩头对钢筋黏结强度的影响,如图 1-20 所示。试验结果表明:带墩头试件的破坏表现为钢筋破坏模式,具有较好的延性,并建议墩头直径与钢筋直径的比值取 1.3。

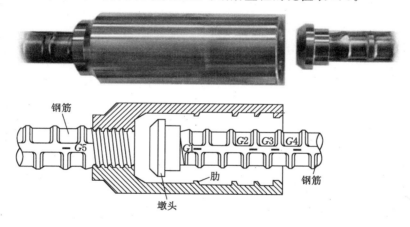

图 1-20 Seo 等设计的灌浆套筒

综上所述,现有的套筒产品均为专利产品,价格较高,因此近年来多国学者开展了新型灌浆套筒的研发工作。套筒设计的关键在于:① 如何采用更便捷的方法提高套筒与灌浆料间的黏结强度,避免出现套筒-灌浆料黏结破坏;② 如何更有效地约束灌浆料,提高钢筋黏结强度,减小钢筋锚固长度。同时,套筒接头在具有较高的 P_u/S_c(接头承载力/用钢量)的同时,还应满足便于施工现场安装的要求。为提高套筒与灌浆料间的机械咬合作用及套筒的约束作用,采取的措施包括在套筒端部焊接钢板,在套筒端部焊接钢环,在套筒内部增加搭接钢筋,使用锥形套筒,套筒两端进行缩口处理,筒壁附加高强螺栓或套筒内壁滚轧直螺纹等方法。但这些方法均存在现场安装容许偏差过小、套筒加工工艺复杂而不便于批量化生产或用钢量较多、经济指标较差等缺点,不便于大范围推广。

同时,尽管钢筋套筒灌浆连接方法的提出并付诸工程应用至今已有约 50 年的历史,但关于其工作机理、约束作用等方面的研究文献仍相对较少。同时,由于试验采用的试件参数如套筒内腔构造、灌浆料性能、钢筋变形肋的形状和尺寸等不同,理论研究结果有显著差异,有必要进行进一步研究。

(2)国内研究现状

王爱军[17]结合北京建茂 JM 系列灌浆套筒的研发,从接头结构、材料、性能、施工工艺及工程应用等方面,对半灌浆套筒连接技术进行了介绍。

吴子良[15]对钢筋套筒灌浆连接技术进行了阐述,包括使用材料的规定与试验、设计上的要求及做法、预制生产及施工说明、工艺验证等。

秦珩等[32]通过对钢筋套筒灌浆连接施工工艺和材料特点的分析,阐明了影响连接质量的关键因素:预制阶段为灌浆连接接头性能和套筒质量、钢筋和套筒的定位精度等,安装阶段为灌浆部位密封质量、灌浆作业工艺和构件保护措施等,并提出了一套较完整的保证施工质量的技术措施。

朱万旭等[33]在分析灌浆套筒连接技术的研究历程与发展状况,以及灌浆套筒各组成部件的基础上,对套筒的尺寸、钢筋截断长度及灌浆管和排浆管位置的确定、安装灌浆管和排浆管的方法、接头的拼装注意事项等内容进行了研究。

吴小宝等[34]为研究龄期(1、4、7、28 d)和钢筋种类(HRB500 和 HRB400)对钢筋套筒灌浆连接接头受力性能的影响,采用我国台湾润泰灌浆套筒制作了 36 个接头试件,并进行了单向拉伸和单向重复拉伸试验。试验结果表明:接头发生了钢筋刮犁式拔出和拉断两类破坏形式。第 1 周内,接头的承载力和变形随龄期增长迅速发展,第 7 天时趋于稳定。采用HRB500 钢筋的连接接头的 28 d 承载力高于采用 HRB400 钢筋的接头,但均稍低于相应钢筋的承载力。灌浆套筒接头的变形与钢筋种类没有明显关系。

陈洪等[35]在已有试验研究的基础上,采用 ABAQUS 有限元软件,模拟了钢筋套筒灌浆连接的受力性能。

王东辉等[36]采用日本东京铁钢梁式套筒和柱式套筒分别制作了 9 个接头试件,按国标要求进行了承载力试验,考察了套筒和钢筋直径大小对该接头承载力的影响。同时,采用ANSYS 有限元软件对接头进行了数值模拟,但模型中未考虑钢筋、灌浆料、套筒间的相对滑移。

聂东来等[37]根据超声波传播的特性,利用超声波首波声时法,对灌浆套筒内的填充灌浆料的密实性进行了检测,并借助于超声波幅值对其脱空缺陷进行定性判断。但是这种检测方法的缺点是无法确认左右哪根钢筋套筒内灌浆料具有脱空缺陷,仍需要进一步深入研究。

综上所述,国内关于灌浆套筒连接的研究起步较晚,而且主要集中在连接的施工工艺、质量控制及已有套筒产品连接接头的性能检验等方面,缺少对钢筋套筒灌浆连接的结构性能、约束作用、工作机理及参数分析等方面的理论基础,有必要进行更加深入的研究。

1.3 研究目的与研究内容

1.3.1 研究目的

针对钢筋套筒灌浆连接在研究应用过程中存在的问题,在总结国内外现有套筒的基础上,本书提出一种新型变形灌浆钢套筒——GDPS(Grouted Deformed Pipe Splice)套筒[38],如图 1-21 所示。该套筒利用低合金无缝钢管通过三轴滚轮滚压工艺冷加工而成,如图 1-22 所示。

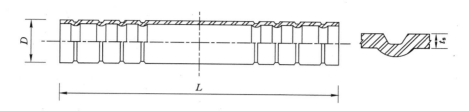

图 1-21 套筒构造

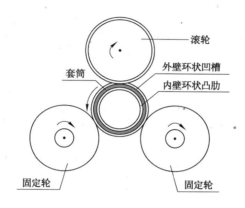

图 1-22 套筒加工工艺原理

GDPS 套筒为全灌浆套筒,与已有的套筒产品相比具有以下特点:

(1)套筒采用无缝钢管锯截,在钢管外表面通过三轴液压滚轮沿径向无切削滚压一次性加工成型,加工工艺简单,材料利用率高,通过专用数控车床可实现批量化生产,有望大幅降低灌浆套筒的制作成本。

(2)与现有套筒产品均为光滑外壁不同,套筒外壁设置多道环状倒梯形凹槽,可提高套筒与周围预制构件混凝土的黏结强度。

(3)套筒内壁设置多道凸环肋,凸环肋与外壁凹槽通过冷滚压一次成型,可大幅提高套筒与内部填充灌浆料的黏结强度。

(4)将凸环肋集中布置在套筒两端,在有效提高套筒与灌浆料的机械咬合作用,以及避免出现套筒-灌浆料滑移破坏的同时,也避免了在套筒受力最大部位因滚压而对套筒承载力造成的削弱。

本书将通过对 GDPS 套筒灌浆连接接头的研究,深入揭示套筒灌浆连接接头的工作机理,提炼其理论分析模型,建立适用的设计方法,为 GDPS 套筒的设计、制作及工程应用提供理论支撑与技术指导。同时,研发 GDPS 套筒配套辅助配件,编制相关的施工工艺,以期顺利推广、应用,促进预制装配混凝土结构在我国的发展。

1.3.2 研究内容

(1) GDPS 套筒灌浆连接可行性研究

采用不同直径的 HRB400 钢筋、不同尺寸和构造的 GDPS 灌浆套筒及高强无收缩水泥基灌浆料制作了 37 个钢筋连接接头试件,进行了单向拉伸试验、高应力反复拉压试验及大变形反复拉压试验,获得了接头试件的极限承载力、伸长率及残余变形等关键性能指标,通过与国家标准中的性能要求进行对比,验证 GDPS 灌浆套筒的可行性。试验揭示了 GDPS 灌浆套筒接头的破坏过程及试件荷载-位移变化规律。同时,本书通过在部分试件的连接钢筋锚固段表面粘贴 FBG 光纤光栅串,测量了钢筋锚固长度范围内的应变变化,进而得到钢筋锚固段的黏结应力分布规律。最后,结合试验结果,对 GDPS 灌浆套筒的设计方法进行了初步探讨。

(2) GDPS 套筒灌浆连接工作机理研究

在 GDPS 套筒灌浆连接可行性试验研究中,套筒表面密集粘贴了环向和轴向电阻应变片,从而记录了加载过程中的套筒应变变化。在此基础上,对 GDPS 套筒连接接头的约束机理进行了研究。采用 ANSYS 有限元软件,基于非线性接触理论对 GDPS 套筒灌浆连接进行了有限元分析,验证套筒的应变分布规律,并对套筒与灌浆料间的相互作用变化进行模拟。在试验研究和数值模拟的基础上,考虑套筒的约束作用,推出 GDPS 套筒灌浆连接中锚固钢筋的黏结承载力计算公式。

(3) 套筒灌浆料物理力学性能及对套筒灌浆连接性能的影响分析

对于钢筋套筒灌浆连接,灌浆料起"桥梁"作用,通过钢筋、灌浆料、套筒三者间的相互黏结将荷载从一端钢筋传递至另一端钢筋。因此,灌浆料的物理力学性能对连接的可靠性有重要影响。为研究钢筋套筒灌浆连接用灌浆料的物理力学性能,采用 8 种不同配比的套筒灌浆料,制作了 129 个灌浆料试块,对灌浆料的流动度、强度、尺寸效应及体积稳定性等进行试验研究,推出灌浆料龄期强度预测公式及抗折强度和抗压强度的关系公式。通过对钢筋套筒灌浆连接接头试件灌浆料硬化阶段套筒表面应变的监测,结合厚壁圆筒模型推出灌浆料的名义弹性模量、体积膨胀率及不同材料间的界面初始压力,并通过单向拉伸试验对理论分析结果进行验证。最后,根据试验结果,采用厚壁圆筒模型对套筒最大径厚、灌浆料最大体积膨胀率、套筒径厚比和灌浆料浆体厚度与界面接触压力的关系进行推导。

(4) GDPS 套筒灌浆连接性能参数化研究

考虑钢筋直径,钢筋锚固长度,套筒径厚比,灌浆料性能及套筒内腔环肋凸起高度、数量、间距等参数,设计制作 95 个钢筋套筒灌浆连接接头试件,进行单向拉伸试验研究。根据接头承载力和荷载-变形曲线试验结果,对套筒灌浆连接结构性能进行参数化分析。最后提出 GDPS 套筒灌浆连接的设计方法,并通过多元回归方法推出钢筋黏结承载力计算公式。

(5) GDPS 套筒灌浆连接辅助配件的研发及施工工法研究

为便于 GDPS 套筒的推广应用,解决套筒灌浆连接施工应用细节,本书根据 GDPS 套筒的特点,研发了 GDPS 套筒专用的端部密封塞、压浆出浆接头及工厂预制时套筒与模板的固定件等附属配件。同时,编制合理的套筒安装、材料制备及灌浆工艺等配套施工工法,确保工程应用达到设计要求。

1.3.3 全书结构安排

本书结构安排如图 1-23 所示。

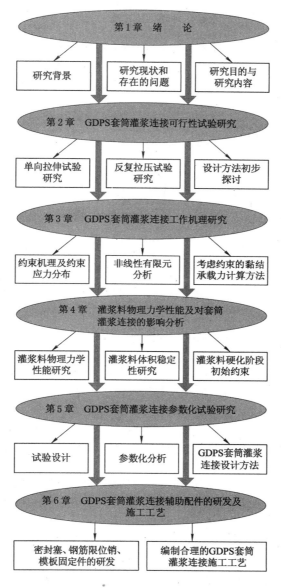

图 1-23 全书结构安排

1.4 参考文献

[1] 中华人民共和国住房和城乡建设部.装配式混凝土结构技术规程:JGJ 1—2014[S].北京:中国建筑工业出版社,2014.

［2］中华人民共和国住房和城乡建设部.钢筋套筒灌浆连接应用技术规程:JGJ 355—2015 [S].北京:中国建筑工业出版社,2015.

［3］中华人民共和国住房和城乡建设部.钢筋机械连接技术规程:JGJ 107—2016[S].北京:中国建筑工业出版社,2016.

［4］YEE A A,ENG H D. Structural and economic benefits of precast/prestressed concrete construction[J]. PCI journal,2001,46(4):34-43.

［5］YEE A A,ENG H D. Social and environmental benefits of precast concrete technology [J]. PCI journal,2001,46(3):14-19

［6］中华人民共和国住房和城乡建设部.钢筋连接用灌浆套筒:JG/T 398—2012[S].北京:中国标准出版社,2013.

［7］中华人民共和国国家质量监督检验检疫总局,中国国家标准化管理委员会.球墨铸铁件:GB/T 1348—2009[S].北京:中国标准出版社,2009.

［8］中华人民共和国国家质量监督检验检疫总局,中国国家标准化管理委员会.优质碳素结构钢:GB/T 699—2015[S].北京:中国标准出版社,2016.

［9］国家市场监督管理总局,中国国家标准化管理委员会.结构用无缝钢管:GB/T 8162—2018[S].北京:中国标准出版社,2018.

［10］国家市场监督管理总局,中国国家标准化管理委员会.低合金高强度结构钢:GB/T 1591—2018[S].北京:中国标准出版社,2018.

［11］中华人民共和国国家质量监督检验检疫总局,中国国家标准化管理委员会.合金结构钢:GB/T 3077—2015[S].北京:中国标准出版社,2016.

［12］崔建宇,孙建刚,王博,等.装配式预制混凝土结构在日本的应用[J].大连民族学院学报,2009,11(1):67-70.

［13］郭彪.日本鹿岛住宅建筑工业化技术与工程实践[J].住宅产业,2012(6):76-80.

［14］尹衍梁,丘惠生,杨景鼎,等.高强度续接砂浆于预铸柱套筒续接之应用[C]//第三届全国商品砂浆学术交流会论文集,2009.

［15］吴子良.钢筋套筒灌浆连接技术[J].住宅产业,2011(6):59-61.

［16］尹衍梁,詹耀裕,黄绸辉.台湾地区润泰预制结构施工体系介绍[J].混凝土世界,2012(7):42-52.

［17］王爱军.钢筋灌浆直螺纹连接技术及应用[J].建筑机械化,2010(1):21-25.

［18］钱冠龙.PC构件用水泥灌浆直螺纹钢筋接头[J].住宅产业,2011(6):62-63.

［19］HAYASHI Y,SHIMIZU R,NAKATSUKA T,et al. Bond stress-slip characteristic of reinforcing bar in grout-filled coupling steel sleeve[J]. Concrete research and technology,Japan concrete institute,1993,15(2):256-270.

［20］HAYASHI Y,NAKATSUKA T,MIWAKE I,et al. Mechanical performance of grout-filled coupling steel sleeves under cyclic loads[J]. Journal of structural and construction engineering,1997(62):91-98.

［21］EINEA A,YAMANE T,TADROS M K. Grout-filled pipe splices for precast concrete construction[J]. PCI journal,1995,40(1):82-93.

［22］KIM Y M. A study of pipe splice sleeves for use in precast beamn-column connections

[D]. Austin:University of Texas at Austin,2000.

[23] JANSSON P O. Evaluation of grout-filled mechanical splices for precast concrete construction[J/OL]. https://www. researchgate. net/publication/239588765_Evaluation_of_Grout-Filled_Mechanical_Splices_for_Precast_Concrete_Construction.

[24] KIM H K. Structural performance of steel pipe splice for SD500 high-strength reinforcing bar under cyclic loading[J]. Architectural research,2008,10(1):13-23.

[25] KIM H K. Bond strength of mortar-filled steel pipe splices reflecting confining effect [J]. Journal of Asian architecture and building engineering,2012,11(1):125-132.

[26] LING J H,ABD R A B,IBRAHIM I S,et al. Behavior of grouted pipe splice under incremental tensile load[J]. Construction and building materials,2012(33):90-98.

[27] LING J H,ABD R A B,IBRAHIM I S. Feasibility study of grouted splice connector under tensile load[J]. Construction and building materials,2014(50):530-539.

[28] SAYADI A A,RAHMAN A B A,JUMAAT M Z B,et al. The relationship between interlocking mechanism and bond strength in elastic and inelastic segment of splice sleeve[J]. Construction and building materials,2014(55):227-237.

[29] SAYADI A A,RAHMAN A B A,SAYADI A,et al. Effective of elastic and inelastic zone on behavior of glass fiber reinforced polymer splice sleeve[J]. Construction and building materials,2015(80):38-47.

[30] HENIN E,MORCOUS G. Non-proprietary bar splice sleeve for precast concrete construction[J]. Engineering structures,2015(83):154-162.

[31] SEO S Y,NAM B R,KIM S K. Tensile strength of the grout-filled head-splice-sleeve [J]. Construction and building materials,2016(124):155-166.

[32] 秦珩,钱冠龙. 钢筋套筒灌浆连接施工质量控制措施[J]. 施工技术,2013,42(14):113-117.

[33] 朱万旭,马倩,马聪,等.用于建筑结构预制拼装的灌浆套筒连接技术[J].四川理工学院学报(自然科学版),2013,26(4):71-75.

[34] 吴小宝,林峰,王涛.龄期和钢筋种类对钢筋套筒灌浆连接受力性能影响的试验研究[J].建筑结构,2013,43(14):77-82.

[35] 陈洪,张竹芳.钢筋套筒灌浆连接技术有限元分析[J].佳木斯大学学报(自然科学版),2014,32(3):341-344,349.

[36] 王东辉,柳旭东,刘英亮,等.水泥灌浆料套筒连接接头拉伸极限承载力试验研究[J].建筑结构,2015(6):21-23,29.

[37] 聂东来,贾连光,杜明坎,等.超声波对钢筋套筒灌浆料密实性检测试验研究[J].混凝土,2014(9):120-123.

[38] 郭正兴,郑永峰,刘家彬,等.一种钢筋浆锚对接连接的灌浆变形钢管套筒:ZL201320407071.4[P].2014-01-15.

第2章 GDPS套筒灌浆连接可行性试验研究

2.1 引言

在总结国内外现有套筒的基础上,笔者提出一种新型变形灌浆钢套筒——GDPS (Grouted Deformed Pipe Splice)全灌浆套筒,如图2-1所示。该套筒利用低合金无缝钢管通过三轴滚轮滚压工艺冷加工而成,在加工工艺、外形及内腔构造方面与现有成熟的灌浆套筒产品及国内外文献记载中的套筒均有显著差异。套筒端部外壁设置多道环状倒梯形凹槽,内壁设置多道凸环肋,凸环肋与外壁凹槽通过冷滚压一次成型。这一结构特征使得GDPS灌浆套筒连接在结构性能及约束机理方面有其独特的特点,因此本章将通过单向拉伸试验及反复拉压试验对GDPS灌浆套筒连接接头的可行性进行试验验证。

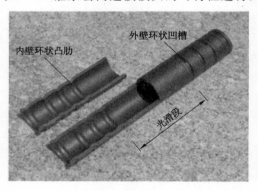

图2-1 GDPS套筒外形及内腔结构

2.2 试验介绍

本节主要介绍GDPS套筒灌浆连接可行性试验的基本情况,包括试验的设计、基本组成材料的力学特性、试件的制作过程、试验测量内容及加载制度。

2.2.1 试件设计

采用GDPS套筒、高强水泥基灌浆料及HRB400钢筋制作了37个套筒灌浆连接接头试件,如图2-2所示。试件参数包括套筒类别、灌浆料强度及钢筋直径等,见表2-1。以试件SM-SB-G1-D14为例,试件名称中的字母含义为:第一组字母为试验类别,SM为单向拉伸试验,EC为高应力反复拉压试验,PC为大变形反复拉压试验;第二组字母表示套筒类别,分别为 A、B、C、D 四类套筒,其中,A、B 类套筒采用 Q345B 无缝钢管加工,C、D 类套筒采用 Q390B 无缝钢管加工,A、C 类套筒每端 4 道环状凹槽,B、D 类套筒每端 5 道环状凹槽;第三组字母表示灌浆料类别,分为 1、2、3 三类灌浆料;第四组字母表示钢筋直径。

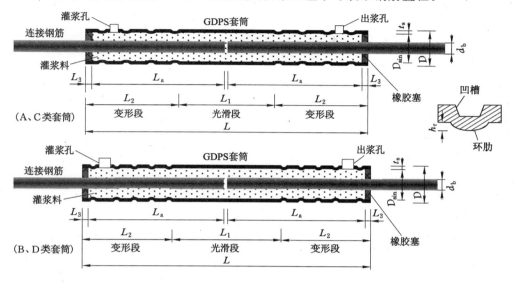

图 2-2 试件尺寸(mm)

表 2-1 试件尺寸及参数

试件 类别	编号	d_b /mm	L /mm	L_1 /mm	L_2 /mm	L_3 /mm	h_r /mm	D /mm	t_s /mm	L_a /mm	偏心率 /%
SM-SB-G1-D14	1	14	260	52	104	0	2.5	42	3.5	128 (9.1d_b)	28.6
	2	14	260	52	104	0	2.5	42	3.5	128 (9.1d_b)	17.3
	3	14	260	52	104	0	2.5	42	3.5	128 (9.1d_b)	32.9
SM-SB-G1-D16	1	16	260	52	104	0	2.5	42	3.5	128 (8.0d_b)	19.4
	2	16	260	52	104	0	2.5	42	3.5	128 (8.0d_b)	24.5
	3	16	260	52	104	0	2.5	42	3.5	128 (8.0d_b)	35.1
SM-SA-G1-D16	1	16	260	92	84	0	2.5	42	3.5	128 (8.0d_b)	23.0
	2	16	260	92	84	0	2.5	42	3.5	128 (8.0d_b)	25.7
SM-SC-G2-D16	1	16	264	94	85	13	2.0	42	3.5	112 (7.0d_b)	0
	2	16	268	102	83	13	2.0	42	3.5	114 (7.1d_b)	0
	3	16	270	104	83	13	2.0	42	3.5	115 (7.2d_b)	0
SM-SD-G2-D22	1	22	356	136	110	13	2.5	50	4.5	158 (7.2d_b)	0
	2	22	356	144	106	13	2.5	50	4.5	158 (7.2d_b)	0
	3	22	362	146	108	13	2.5	50	4.5	164 (7.5d_b)	0
SM-SD-G2-D25	1	25	396	176	110	13	2.5	57	5.0	178 (7.1d_b)	0
	2	25	386	166	110	13	2.5	57	5.0	172 (6.9d_b)	0
	3	25	390	170	110	13	2.5	57	5.0	175 (7.0d_b)	0

表 2-1(续)

试件 类别	编号	d_b /mm	L /mm	L_1 /mm	L_2 /mm	L_3 /mm	h_r /mm	D /mm	t_s /mm	L_a /mm	偏心率 /%
SM-SD-G3-D25	1	25	390	170	110	13	2.5	57	5.0	174 (7.0d_b)	0
	2	25	396	175	110	13	2.5	57	5.0	178 (7.1d_b)	0
EC-SC-G2-D16	1	16	270	104	83	13	2.0	42	3.5	115 (7.2d_b)	0
	2	16	268	102	83	13	2.0	42	3.5	114 (7.1d_b)	0
	3	16	270	104	83	13	2.0	42	3.5	115 (7.2d_b)	0
EC-SD-G2-D22	1	22	360	140	110	13	2.5	50	4.5	162 (7.4d_b)	0
	2	22	360	140	110	13	2.5	50	4.5	162 (7.4d_b)	0
	3	22	363	151	106	13	2.5	50	4.5	163 (7.4d_b)	0
EC-SD-G2-D25	1	25	397	179	109	13	2.5	57	5.0	181 (7.2d_b)	0
	2	25	395	177	109	13	2.5	57	5.0	180 (7.2d_b)	0
	3	25	398	180	109	13	2.5	57	5.0	181 (7.2d_b)	0
PC-SC-G2-D16	1	16	260	94	83	13	2.0	42	3.5	112 (7.0d_b)	0
	2	16	268	102	83	13	2.0	42	3.5	114 (7.1d_b)	0
	3	16	270	104	83	13	2.0	42	3.5	115 (7.2d_b)	0
PC-SD-G2-D22	1	22	361	141	110	13	2.5	50	4.5	163 (7.4d_b)	0
	2	22	359	147	106	13	2.5	50	4.5	162 (7.3d_b)	0
	3	22	360	140	110	13	2.5	50	4.5	162 (7.3d_b)	0
PC-SD-G2-D25	1	25	392	176	108	13	2.5	57	5.0	178 (7.1d_b)	0
	2	25	405	181	112	13	2.5	57	5.0	185 (7.4d_b)	0
	3	25	395	175	110	13	2.5	57	5.0	180(7.2d_b)	0

注:1. h_r 为套筒内壁凸环肋净高。

    2. 偏心率=偏心尺寸/套筒半径,偏心尺寸为钢筋中心与套筒中心的偏差值。

    构件预制及现场施工过程中,钢筋很难保证完全对中,如图 2-3 所示。SM-SB-G1-D14、SM-SB-G1-D16、SM-SA-G1-D16 系列试件在制作过程中进行了偏心处理,偏心率为 17.3%~35.1%,用于研究钢筋偏心对钢筋黏结承载力的影响。

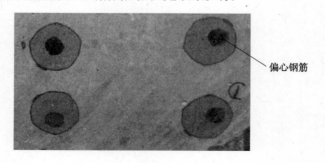

偏心钢筋

图 2-3　钢筋在预制构件套筒中的偏心状态

试件加工制作如图 2-4 所示,灌浆前先将连接钢筋插入套筒,并将套筒、连接钢筋固定在木板或木枋上,然后采用手动灌浆枪从试件下部灌浆孔灌浆,灌浆料从上部出浆孔流出时即为灌满。浇筑灌浆料后,将试件及灌浆料试块放在养护室养护 28 d,养护条件:温度 20 ℃,相对湿度 90％。

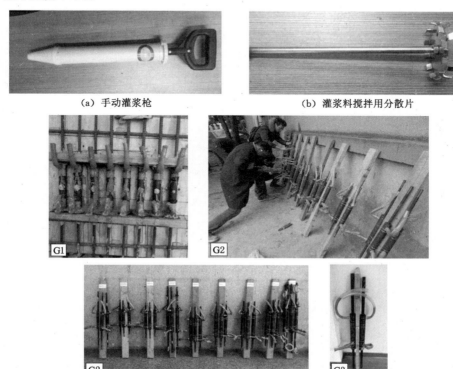

（a）手动灌浆枪　　　　　　　　　　（b）灌浆料搅拌用分散片

（c）灌浆

图 2-4　试件制作

2.2.2　材料性能

套筒加工所用无缝钢管及连接钢筋的材料性能见表 2-2 和表 2-3。灌浆料根据与接头试件同时浇筑同条件养护的试块(40 mm×40 mm×160 mm)测定的强度见表 2-4。

表 2-2　无缝钢管材料性能

套筒类别	牌号	外径×壁厚/(mm×mm)	屈服应力 f_{sy}/MPa	极限应力 f_{su}/MPa	弹性模量 E_s/MPa
A、B 类	Q345B	42×3.5	355	480	$2.06×10^5$
C 类	Q390B	42×3.5	395	495	$2.06×10^5$
D 类	Q390B	50×4.5	390	505	$2.06×10^5$
D 类	Q390B	57×5.0	405	510	$2.06×10^5$

表 2-3　连接钢筋材料性能

直径/mm	屈服应力 f_{by}/MPa	极限应力 f_{bu}/MPa	伸长率/%	弹性模量 E_b/MPa
14	430	618		
16	440	604	25.3	2.0×10^5
22	452	637	22.7	2.0×10^5
25	455	625	22.1	2.0×10^5

表 2-4　灌浆料材料性能

类别	水料比	28 d 抗压强度/MPa	28 d 抗折强度/MPa	流动度 初始	流动度 30 min
1 类	0.13	63.0	11.1	—	—
2 类	0.12	70.2	14.0	305	290
3 类	0.12	75.6	13.3	—	—

2.2.3　加载装置及量测内容

2.2.3.1　单向拉伸试验

（1）加载装置及加载制度

单向拉伸试件在材料万能试验机上进行加载，试验机最大量程为 500 kN，加载装置如图 2-5 所示。除 SM-SD-G3-D25 系列试件外，其余试件均在套筒及钢筋表面粘贴了电阻应变片，测量试件在加载过程中的应变变化，粘贴位置如图 2-6 所示。SM-SC-G2-D16、SM-SD-G2-D22 及 SM-SD-G2-D25 系列试件加载至 0.6 倍钢筋屈服强度标准值后卸载至 0，测量接头的残余变形，然后将试件加载至破坏。

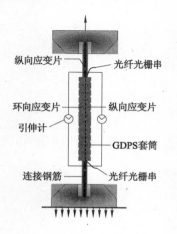

图 2-5　加载装置

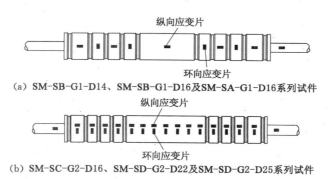

（a）SM-SB-G1-D14、SM-SB-G1-D16及SM-SA-G1-D16系列试件

（b）SM-SC-G2-D16、SM-SD-G2-D22及SM-SD-G2-D25系列试件

图 2-6　单向拉伸试件应变片位置

（2）光纤光栅测量技术

考虑到将钢筋沿纵向居中剖开并开槽,在槽内粘贴应变片测试钢筋的拉应力及其分布的方法工艺比较复杂,并且在应变测点较多时测试导线的布置有困难,对钢筋受力的整体性也有一定影响,本书利用 Bragg（布拉格）光纤光栅测试技术测量连接钢筋锚固段的拉应力分布。

普通的 Bragg 光栅应变传感器一般都进行一定形式的封装[1],通过一定长度的导线将多个光栅串联起来[2]。这种经封装后的光纤光栅传感器直径最小也在 3 mm 以上[3-4],相对于钢筋与混凝土的黏结面来说,体积不再微小,并且单个串联回路中 Bragg 光栅的间距至少在 250 mm 以上[5-6],因此,普通 Bragg 光栅传感器不能满足黏结滑移试验中钢筋应变测试测点密集且对黏结面不影响的要求。考虑上述原因,本书在一根光纤上连续刻制了 6 个 Bragg 光栅制成密布型光栅串,以满足高应变梯度测试中测点密集的需求。同时,直接将裸光栅粘贴在钢筋纵肋边,通过高强度黏结胶体和纵肋来实现对裸栅的保护,去除了常规方法中的封装层,发挥了光纤体积小的优势,减小了测试方法对钢筋黏结性能的影响。

光栅通过对宽带光源中与中心波长频率相同部分的光波的反射,实现单个光路中多个不同中心波长光栅的串联分布式测量。测试中由于光源和光谱探测仪的带宽有限,为避免不同光栅在测试中因波长变化后相互接近而造成的影响,相邻波长的光栅之间需预留一定的带宽。为尽可能在单个光路中串入多个光栅,需要对光栅按其初始中心波长和预估的变化趋势进行排列。因此,在光栅布设时应使得光栅的初始中心波长排列顺序与光栅测点预估的应变方向相同,即初始中心波长最大的光栅应该布设在预估产生拉应变最大的位置。

图 2-7 所示为试件 SM-SD-G2-D25-1 和 SM-SD-G2-D25-2 中连接钢筋上的 6 点 FBG 光栅布置图,初始中心波长最大的光栅为 1-6 和 2-6,波长为 1 565 nm,波长间隔 10 nm,向套筒中部依次递减。光栅栅区长度为 10 mm,光栅间距为 30 mm,反射率≥85%,3 dB 带宽≤0.3 nm。试件放置于试验机上后,将光栅串联至光栅解调仪（图 2-8）,通过数据采集系统采集试件加载过程中的波长变化。

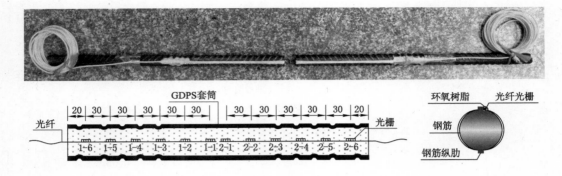

图 2-7　密布型光栅布置图（mm）

图 2-8　MOI 光栅解调仪

2.2.3.2　反复拉压试验

（1）加载装置

为研究 GDPS 套筒灌浆连接在反复拉压荷载作用下的结构性能，本书设计了反复拉压加载装置，如图 2-9 所示。该装置通过两台穿心式液压千斤顶实现对试件的反复拉压，架体受力杆件为 4 根 Φ^{T} 32 mm 精轧螺纹钢筋外套 Q345 62 mm×10 mm 无缝钢管的组合杆件，其受拉、受压承载力和刚度均远大于本书试件采用的 Φ 25 mm 钢筋。加载装置中的连接件均采用 45 号钢加工而成，钢筋、连接件及力传感器之间的连接均采用螺纹连接，可以方便地进行拆装并可确保施加的力对中。

试验过程中，根据对引伸计、力传感器及钢筋应变片的实时监测对加载过程进行控制。加载前，在套筒及钢筋表面粘贴电阻应变片（图 2-10），并采用材料试验机对千斤顶及力传感器进行标定。

（2）反复拉压加载制度

钢筋套筒灌浆连接属于机械连接的一种，因此国内外规范均统一按机械连接接头的试验方法对其进行形式检验。日本标准 JCI、国际标准 ISO 15835 及 AC 133 对机械连接接头的反复拉压检验规定了类似的加载制度（表 2-5），但对钢筋屈服应变 ε_y 的取值存在差异，见表 2-6。

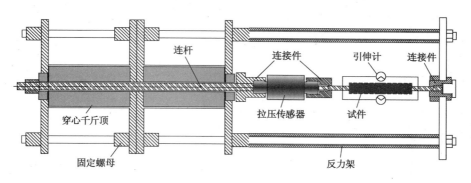

加载装置中采用的连接件

图 2-9　反复拉压加载装置

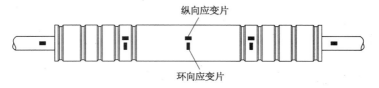

图 2-10　反复拉压试件应变片位置

表 2-5　国外标准采用的反复拉压试验加载制度

试验类别	加载制度		
	拉	压	循环次数
高应力反复拉压试验	$0.95f_{byk}$	$0.5f_{byk}$	20
大变形反复拉压试验	$2\varepsilon_y$	$0.5f_{byk}$	4
	$5\varepsilon_y$	$0.5f_{byk}$	4

注：f_{byk}为连接钢筋屈服强度标准值；ε_y为钢筋屈服应变。

表 2-6　钢筋屈服应变 ε_y 取值方法

标准	ε_y 取值方法
AC 133	采用通过钢筋材性试验得到的实际屈服应变
JCI	通过接头 0.7 倍钢筋屈服强度标准值对应的割线模量和应变为 0.2% 时的钢筋应力计算得到
ISO	采用名义屈服应变：0.2%

本书根据《钢筋机械连接技术规程》(JGJ 107—2016)规定的加载制度(表 2-7)对接头进行形式检验，根据对引伸计、力传感器及钢筋应变片的实时监测对加载过程进行控制。加载制度与表 2-5 相比，主要差异为：① 高应力反复拉压时的最大拉力取值不同，国内标准取值较小。② 钢筋屈服应变取值不同。对于 HRB400 钢筋，ε_{byk} 的取值与 ISO 15835 相同。试件经过反复拉压循环后通过万能试验机加载至破坏。

表 2-7　本书采用的反复拉压试验加载制度

试验类别	加载制度		
	拉	压	循环次数
高应力反复拉压试验	$0.9f_{byk}$	$0.5f_{byk}$	20
大变形反复拉压试验	$2\varepsilon_{byk}$	$0.5f_{byk}$	4
	$5\varepsilon_{byk}$	$0.5f_{byk}$	4

注：ε_{byk}为钢筋应力为屈服强度标准值时的应变。

2.3　试验结果

在前面介绍了试验准备情况之后，本节展示 GDPS 套筒灌浆连接接头试件的试验结果，包括三个方面的内容：试件的破坏过程及破坏模式、结构性能关键指标和接头试件的荷载-位移曲线。

2.3.1　破坏模式

2.3.1.1　单向拉伸试件

单向拉伸试件共出现了三种破坏形态：钢筋断裂破坏、钢筋黏结滑移破坏和套筒断裂破坏，分别如图 2-11、图 2-12 及图 2-13 所示。钢筋断裂破坏和套筒断裂破坏分别以连接钢筋的断裂和钢套筒的断裂为破坏标志；钢筋黏结滑移破坏以荷载进入下降段、钢筋缓慢被拔出为破坏标志。

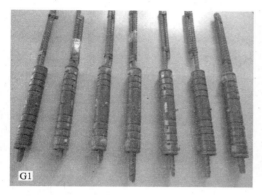

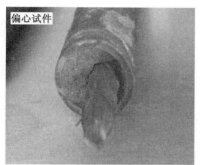
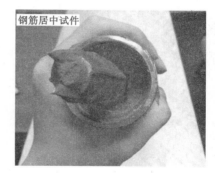

图 2-11　钢筋断裂破坏

图 2-12　钢筋黏结滑移破坏

图 2-13　套筒断裂破坏

除试件 SM-SD-G2-D22-2、SM-SD-G2-D25-2 和 SM-SD-G3-D25-1 外，其余均为钢筋断裂破坏。荷载加至 $f_{byk} \cdot A_b$ 时，对套筒端部灌浆料进行观察，未发现明显的劈裂裂缝，钢筋与灌浆料黏结良好。加载至钢筋屈服（$\varepsilon_y = 5\varepsilon_{byk}$），对套筒端部灌浆料进行观察发现，灌浆料出现 2～3 道径向劈裂裂缝，如图 2-14 所示。随着荷载增加，劈裂裂缝不断增加、开展，但套筒的约束作用避免了试件出现劈裂破坏。由于套筒端部灌浆料受到的套筒约束作用较小，并且裂缝在该处最先出现，开展最为充分，在钢筋拉断的瞬间由于剧烈振动而产生的应力波造成套筒端部的灌浆料随之呈锥形剥落。

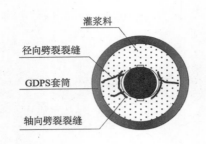

图 2-14　套筒端部灌浆料劈裂形态

为观察套筒内部灌浆料的破坏形态,试件破坏后将其对称剖开,如图 2-15 和图 2-16 所示。

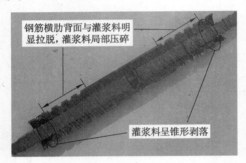
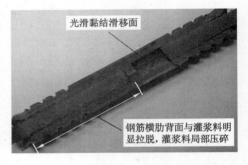

图 2-15　试件 SM-SD-G2-D25-1 剖切图　　　　图 2-16　试件 SM-SD-G2-D25-2 剖切图

图 2-15 所示为钢筋断裂破坏试件 SM-SD-G2-D25-1 剖开后的破坏状况,灌浆料在套筒中线及中部第 1 道肋处呈环形开裂,同时在套筒变形段存在多道劈裂斜裂缝,钢筋横肋、灌浆料及套筒环肋之间的相互作用造成斜裂缝从钢筋横肋指向套筒内壁环肋,最大裂缝宽度 0.1 mm 左右。在套筒变形段可见钢筋从套筒端部逐肋向内部发生了黏结滑移,钢筋横肋背面与灌浆料拉脱(间隙逐肋向内减小),肋前灌浆料被局部压碎,最外侧 4 道钢筋横肋间的灌浆料已被剪断。在钢筋锚固段的后半部分,钢筋与灌浆料间未见明显拉脱及灌浆料压碎现象。套筒与灌浆料之间黏结良好,全长均未发现明显的拉脱及灌浆料压碎现象,表明套筒与灌浆料之间的黏结强度仍有较大富裕。

图 2-16 所示为钢筋黏结滑移破坏试件 SM-SD-G2-D25-2 剖开后的破坏状况,与钢筋断裂破坏试件相比主要差异在于:一端连接钢筋由于钢筋横肋之间的灌浆料咬合齿被剪断而产生明显滑移,随着持续加载及滑移发展,滑移面不断地被磨损、挫平,最终形成光滑滑移面;另一端钢筋在锚固段内均可见钢筋横肋背面与灌浆料拉脱现象(间隙逐肋向内减小),肋前灌浆料被局部压碎,套筒变形段钢筋与灌浆料的咬合齿已全被剪断。

尽管试件 SM-SD-G2-D22-2、SM-SD-G2-D25-2 和 SM-SD-G3-D25-1 为黏结滑移破坏,但主要是由于钢筋超强而造成的,连接钢筋同样进入了强化阶段。钢筋屈服后,其伸长量显著增加,受泊松效应影响,套筒端部的钢筋直径不断减小(试件破坏时,钢筋直径减小率为 5.12%~7.78%,见表 2-8),灌浆料握裹作用的削弱向套筒中部延伸,钢筋与灌浆料之间的机械咬合作用不断降低。若在钢筋断裂破坏之前,钢筋横肋之间的灌浆料咬合齿被剪断,则在钢筋外周形成新的滑移面,试件的最大黏结强度取决于咬合齿的抗剪强度。随着持续加载及滑移发展,钢筋连带肋间灌浆料一起缓慢被拔出。

表 2-8　试验前后连接钢筋内径对比

试件类别	编号	公称直径/mm	试验前内径/mm	试验后内径/mm	内径减小率/%
SM-SD-G3-D25-1	1	16	15.35	14.56	5.12
	2	16	15.47	14.47	6.47
	3	16	15.60	14.62	6.31
SM-SD-G2-D22-2	1	22	21.41	20.17	5.79
	2	22	21.36	19.97	6.51
	3	22	21.32	20.06	5.91
SM-SD-G2-D25-2	1	25	24.32	22.83	6.13
	2	25	24.37	22.69	6.89
	3	25	24.35	22.46	7.78

试件 SM-SD-G3-D25-1 发生钢筋拔出破坏后,对其卸载后重新加载,套筒在靠近中部的第 1 道凹槽处断裂,断裂荷载为 217.3 kN ($0.68P_u$)。GDPS 套筒在滚压过程中,环状凹槽部位产生塑性变形,由于是冷加工,因此硬化在整个塑性变形过程中起主导作用,套筒的抗力指标随着所承受的变形程度的增加而上升,塑性指标则随着变形程度的增加而逐渐下降。同时,套筒塑性变形后,凹槽处的管壁厚度减小,形成薄弱部位。由于试件 SM-SD-G3-D25-1 的极限荷载较大,并且在第 1 道凹槽处承担的拉力大于其他凹槽部位,在加工过程及两次拉伸过程中积累了过大的冷变形,因此造成套筒在该处断裂。

2.3.1.2　反复拉压试件

反复拉压试件共出现了两种破坏模式:钢筋断裂破坏和钢筋黏结滑移破坏,最终的破坏特征与单向拉伸试件类似,如图 2-17 所示。

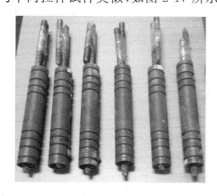

图 2-17　反复拉压试件破坏形态

高应力反复拉压试件经过循环加载后,套筒端部灌浆料未见明显劈裂及其他灌浆料破坏现象,钢筋、灌浆料及套筒三者黏结良好,如图 2-18 所示。而大变形反复拉压试件经循环加载后,套筒端部灌浆料存在 2～3 道径向劈裂裂缝,钢筋与灌浆料间可见轴向劈裂裂缝,如

图 2-19 所示。这一结果表明:灌浆料的劈裂是在钢筋屈服后,与单向拉伸试件观察到的结果一致。

图 2-18 试件 EC-SD-G2-D25-2

图 2-19 试件 PC-SD-G2-D22-2

本书 GDPS 套筒接头试件未出现灌浆套筒与灌浆料之间的黏结-滑移破坏,试件的承载力取决于钢筋与灌浆料之间的黏结承载力、钢筋抗拉承载力和套筒抗拉承载力的最小值。

2.3.2 结构性能关键指标

国内外标准对钢筋套筒灌浆连接接头的要求包括强度(承载能力极限状态)和变形(正常使用极限状态)两个方面,并通过单向拉伸试验和反复拉压试验检验其在静力荷载作用及地震荷载作用下的结构性能。对于疲劳荷载作用下接头的性能检验,上述标准均未做具体规定。对有疲劳设计要求的构件,可在补充相关疲劳试验研究的基础上,参照上述标准的有关规定应用。

表 2-9 列出了国内外标准、规范对钢筋机械连接接头的强度和变形性能要求,不同性能指标的套筒有不同的应用限制。需要指出的是,尽管美国规范 ACI 318 对 Type 2 套筒(类似于我国的 Ⅰ 级套筒)强度要求仅为 $1.0f_{buk}$,但考虑到两国标准对变形钢筋材料性能指标的差异:美国 ASTM A615 要求钢筋抗拉强度标准值为屈服强度标准值的 1.5 倍,而我国《混凝土结构设计规范》中 HRB400 钢筋抗拉强度标准值为屈服强度标准值的 1.35 倍,因此,两者的接头强度指标均为钢筋屈服强度标准值的 1.5 倍左右。

表 2-9 钢筋机械连接接头性能要求

规范	连接类别	强度	残余变形/mm	应用限制
ACI 318	Type 1	$1.25f_{byk}$	无	距梁边、柱边或钢筋潜在屈服部位 2 倍截面高度内不能使用
	Type 2	$1.0f_{buk}$	无	无
UBC-97	Type 1	$1.25f_{byk}$	无	对抗震 1 区不限制;对抗震 2、3、4 区,构件塑性铰区域、距塑性铰区 1 倍梁高区内或节点区内不能使用
	Type 2	$0.95f_{bu}$ 或 $1.6f_{byk}$	无	无

表 2-9(续)

规范	连接类别	强度	残余变形/mm	应用限制
AASHTO	FMC	$1.25 f_{byk}$	$0.25(d{\leqslant}43)$ $0.75(d{>}43)$	构件塑性铰区域不能使用
JGJ 107—2016	Ⅰ	$1.10 f_{buk}$ 或断于钢筋	$0.10(d{\leqslant}32)$ $0.14(d{>}32)$	框架梁端、柱端箍筋加密区接头百分率 ${\leqslant}50\%$
JGJ 107—2016	Ⅱ	$1.00 f_{buk}$	$0.14(d{\leqslant}32)$ $0.16(d{>}32)$	框架梁端、柱端箍筋加密区接头百分率 ${\leqslant}50\%$
JGJ 107—2016	Ⅲ	$1.25 f_{byk}$	$0.14(d{\leqslant}32)$ $0.16(d{>}32)$	避开框架梁端、柱端箍筋加密区
JGJ 355—2015	套筒灌浆连接	$1.15 f_{buk}$	$0.10(d{\leqslant}32)$ $0.14(d{>}32)$	无

注:1. FMC:Full-mechanical connection。

　　2. 表中 AASHTO 标准中的变形要求为拉伸荷载加载至 207 MPa,然后卸载至 20 MPa 后测量的残余变形,JGJ 107—2016 及 JGJ 355—2015 的残余变形允许值为单向拉伸检验的性能要求。

　　3. f_{byk} 为连接钢筋屈服强度标准值,f_{buk} 为连接钢筋抗拉强度标准值,f_{bu} 为连接钢筋抗拉强度。

2.3.2.1　单向拉伸试件

由表 2-10 中的数据可知,所有试件的抗拉强度与连接钢筋的屈服强度的比值 f_u/f_{byk} 在 $1.48\sim1.63$ 之间,均大于 1.25;接头抗拉强度与连接钢筋的抗拉强度标准值的比值 $f_u/f_{buk}{\geqslant}1.10$,满足 JGJ 107—2016 中的Ⅰ级接头及 ACI 318 Type 2 类单向拉伸强度要求。试件 SM-SD-G2-D22-2、SM-SD-G2-D25-2 和 SM-SD-G3-D25-1 之所以出现钢筋黏结滑移,是因为钢筋超强。

表 2-10　单向拉伸试件结构性能关键指标

试件名称	编号	$\sigma_{s,max}/f_{syk}$	P_u/kN	τ_r/MPa	τ_{max}/MPa	f_u/f_{byk}	f_u/f_{buk}	u_0	破坏模式
SM-SB-G1-D14	1	0.58	94.1	—	16.71	1.53	1.13		钢筋断裂
SM-SB-G1-D14	2	0.60	94.5	—	16.79	1.53	1.14		钢筋断裂
SM-SB-G1-D14	3	0.56	93.1	—	16.54	1.51	1.12		钢筋断裂
SM-SB-G1-D16	1	0.66	120.2	—	>18.68	1.49	1.11		钢筋断裂
SM-SB-G1-D16	2	0.68	121.9	—	>18.95	1.52	1.12		钢筋断裂
SM-SB-G1-D16	3	0.69	123.4	—	>19.18	1.53	1.14		钢筋断裂
SM-SA-G1-D16	1	0.70	124.5	—	>19.35	1.55	1.15		钢筋断裂
SM-SA-G1-D16	2	0.72	124.4	—	>19.33	1.55	1.15		钢筋断裂
SM-SC-G2-D16	1	0.69	119.4	—	>21.21	1.48	1.10	0.10	钢筋断裂
SM-SC-G2-D16	2	0.67	119.2	—	>20.80	1.48	1.10	0.06	钢筋断裂
SM-SC-G2-D16	3	0.71	121.1	—	>20.95	1.51	1.12	0.07	钢筋断裂

表 2-10（续）

试件名称	编号	$\sigma_{s,max}/f_{syk}$	P_u/kN	τ_r/MPa	τ_{max}/MPa	f_u/f_{byk}	f_u/f_{buk}	u_0	破坏模式
	1	1.00	238.6	—	>21.85	1.57	1.16	0.09	钢筋断裂
SM-SD-G2-D22	2	1.00	248.3	12.81 ($0.56\tau_{max}$)	22.88	1.63	1.21	0.08	钢筋拔出
	3	1.00	237.6	—	>20.96	1.56	1.16	0.08	钢筋断裂
	1	0.86	299.0	—	>21.39	1.52	1.13	0.08	钢筋断裂
SM-SD-G2-D25	2	0.95	316.0	13.40 ($0.57\tau_{max}$)	23.40	1.61	1.19	0.10	钢筋拔出
	3	0.92	300.8	—	>21.89	1.53	1.13	0.07	钢筋断裂
SM-SD-G3-D25	1		320.5	12.22 ($0.52\tau_{max}$)	23.45	1.63	1.21		钢筋拔出
	2		300.1	—	>21.47	1.53	1.13		钢筋断裂

注：$\sigma_{s,max}$ 为套筒中部最大拉应力；f_{syk} 为套筒屈服强度标准值；P_u 为接头最大承载力；τ_r 为接头残余黏结强度；τ_{max} 为接头黏结强度；f_u 为接头最大拉应力；u_0 为接头试件加载至 $0.6f_{byk}$ 并卸载后在规定标距内的残余变形。

SM-SB-G1-D14、SM-SB-G1-D16 和 SM-SA-G1-D16 系列试件在制作过程中，钢筋与套筒之间存在不同程度的偏心，偏心率为 17.3%～35.1%。但由于试件钢筋锚固长度较大，试件破坏模式均为钢筋断裂破坏，未出现钢筋黏结滑移破坏形态，试件的极限荷载与单根钢筋拉拔试验结果相近，钢筋、灌浆料及套筒相互之间的黏结承载力仍有较大富裕，因此，未发现偏心对试件的承载力及破坏形态有明显影响。

SM-SC-G2-D16、SM-SD-G2-D22 及 SM-SD-G2-D25 系列试件的残余变形 u_0 均不大于 0.10 mm，满足 JGJ 107—2016 中的 I 级接头变形要求。

表 2-10 中套筒中部最大拉应力 $\sigma_{s,max}$ 近似由 $\sigma_{s,max}=E_s \cdot \varepsilon_{s,mid}$ 计算，$\varepsilon_{s,mid}$ 为套筒中部实测应变。套筒屈服时 $\sigma_{s,max}$ 取 f_{syk}，f_{syk} 为钢管屈服强度标准值。计算结果表明：除 SM-SD-G2-D22 系列试件套筒中部在试件破坏时进入屈服阶段外，其余试件套筒均处于弹性阶段，$\sigma_{s,max}/f_{syk}<1.0$。

对于钢筋拔出破坏试件，其极限黏结强度 τ_{max} 可由 $\tau_{max}=P_u/(\pi \cdot d_b \cdot L_a)$ 计算得到，对于钢筋断裂破坏试件，其极限黏结强度未知。残余黏结强度 τ_r 可由残余荷载 P_r 按上式计算得到，P_r 取钢筋拔出阶段的荷载最小值。计算结果表明：钢筋的残余黏结强度均超过平均黏结强度的 40%。

2.3.2.2 反复拉压拉伸试件

表 2-11 和表 2-12 分别为高应力反复拉压试件和大变形反复拉压试件的主要试验结果。从中可以看出：试件的抗拉强度与连接钢筋屈服强度标准值的比值 f_u/f_{byk} 在 1.46～1.54 之间，均大于 1.25；试件的抗拉强度与连接钢筋抗拉强度标准值的比值 $f_u/f_{buk}\geqslant1.10$ 或发生钢筋断裂破坏，符合 JGJ 107—2016 中的 I 级接头及 ACI 318 中 Type 2 类接头强度要求。

高应力反复拉压试件的残余变形 u_{20} 均小于 0.3 mm，大变形反复拉压试件的残余变形 u_4 和 u_8 均小于对应的规范允许值 0.3 mm 和 0.6 mm，满足 JGJ 107—2016 中的 I 级接头变形要求。

表 2-11　高应力反复拉压试件结构性能关键指标

试件名称	编号	P_u/kN	τ_r/MPa	τ_{max}/MPa	f_u/f_{byk}	f_u/f_{buk}	u_{20}	破坏模式
EC-SC-G2-D16	1	121.4	—	>21.00	1.51	1.12	0.13	钢筋断裂
	2	117.1	—	>20.44	1.46	1.08	0.18	钢筋断裂
	3	117.8	—	>20.38	1.46	1.08	0.12	钢筋断裂
EC-SD-G2-D22	1	233.2	11.68(0.56τ_{max})	20.83	1.53	1.14	0.20	钢筋拔出
	2	233.1	—	>20.82	1.53	1.14	0.21	钢筋断裂
	3	230.3	10.63(0.52τ_{max})	20.44	1.51	1.12	0.25	钢筋拔出
EC-SD-G2-D25	1	287.9	—	>20.25	1.47	1.09	0.26	钢筋断裂
	2	299.5	—	>21.19	1.53	1.13	0.22	钢筋断裂
	3	302.9	—	>21.31	1.54	1.14	0.20	钢筋断裂

注：u_{20} 为试件经高应力反复拉压 20 次后的残余变形。

表 2-12　大变形反复拉压试件结构性能关键指标

试件名称	编号	P_u/kN	τ_r/MPa	τ_{max}/MPa	f_u/f_{byk}	f_u/f_{buk}	u_4/mm	u_8/mm	破坏模式
PC-SC-G2-D16	1	115.8	—	>20.57	1.44	1.07	0.15	0.34	钢筋断裂
	2	123.6	—	>21.57	1.54	1.14	0.16	0.34	钢筋断裂
	3	118.1	—	>20.43	1.47	1.09	0.17	0.36	钢筋断裂
PC-SD-G2-D22	1	233.5	—	>20.73	1.54	1.14	0.18	0.40	钢筋断裂
	2	230.0	11.13(0.54τ_{max})	20.54	1.51	1.12	0.19	0.43	钢筋拔出
	3	231.1	—	>20.64	1.52	1.13	0.22	0.47	钢筋断裂
PC-SD-G2-D25	1	295.2	—	>21.12	1.50	1.11	0.20	0.46	钢筋断裂
	2	291.8	—	>20.08	1.49	1.10	0.22	0.48	钢筋断裂
	3	294.5	10.75(0.52τ_{max})	20.83	1.50	1.11	0.25	0.52	钢筋拔出

注：u_4 为试件经大变形反复拉压 4 次后的残余变形；u_8 为试件经大变形反复拉压 8 次后的残余变形。

通过对比表 2-10～表 2-12 可见,钢筋直径 22 mm 反复拉压试件(EC-SD-G2-D22-1、EC-SD-G2-D22-3 及 PC-SD-G2-D22-2)的平均极限黏结强度为 20.60 MPa,较单向拉伸试件 SM-SD-G2-D22-2 降低了 10%;钢筋直径 25 mm 反复拉压试件 PC-SD-G2-D25-3 的极限黏结强度为 20.83 MPa,较单向拉伸试件 SM-SD-G2-D25-2 降低了 11%。这一结果表明:钢筋套筒灌浆连接在反复拉压过程中存在黏结强度的退化现象。

与单向拉伸试验结果类似,接头试件经反复拉压循环后,钢筋的残余黏结强度均超过平均黏结强度的 40%。

综上所述,本书提出的 GDPS 套筒灌浆连接接头在单向拉伸及反复拉压荷载作用下均表现出良好的结构性能,接头强度和残余变形满足国内外规范要求,具有较大的研究价值和现实意义。

2.3.3 荷载-位移关系曲线

2.3.3.1 单向拉伸试件

典型荷载-位移曲线如图 2-20 所示,其中横坐标为试验机夹具间的相对位移。试件为钢筋断裂破坏时,曲线形状与单根钢筋的拉伸荷载-位移曲线相似,共分四个阶段。上升段试件刚度较大,荷载与位移基本呈线性关系,在该阶段连接钢筋横肋与灌浆料之间相互挤压,产生微观裂缝,钢筋屈服之前在套筒端部未发现明显的劈裂裂缝;水平段为钢筋屈服阶段;第二个上升段为钢筋强化阶段,在该阶段钢筋与灌浆料之间充分挤压,肋前灌浆料破碎区不断扩大,灌浆料劈裂裂缝充分开展;下降段为钢筋颈缩阶段。

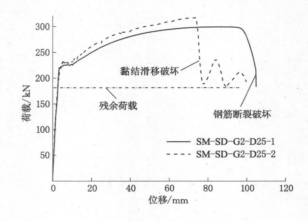

图 2-20　荷载-位移曲线

试件为黏结滑移破坏时,曲线第一个上升段及水平段与钢筋断裂破坏时基本重合,进入钢筋强化阶段后,由于钢筋的黏结强度小于其抗拉强度,随着钢筋与灌浆料之间咬合齿被剪断,钢筋连带肋间充满的灌浆料一起被缓慢地拔出。由于套筒的约束作用,黏结滑移破坏仍表现出较好的延性,钢筋在拔出过程中荷载-位移曲线呈波浪形,并保持较高的残余黏结强度。这是由于套筒内部灌浆料没有粗骨料,钢筋横肋间的灌浆料虽被压碎,但并没有形成空隙[7]。同时在钢筋拔出段,套筒内壁的多道凸环肋对钢筋及灌浆料的滑移有较强的止推作用,之前蓄积在套筒中的应力也开始释放,这在一定程度上弥补了由于滑移面不断被锉平而造成的径向约束压力损失,从而使钢筋在拔出过程中仍保持较高的黏结应力。

2.3.3.2 反复拉压试件

图 2-21～图 2-23 所示分别为试件 EC-SC-G2-D16-2、EC-SD-G2-D22-2 及 EC-SD-G2-D25-2 反复拉压加载过程中的荷载-位移曲线,其中横坐标为通过引伸计测得的变形测量标距间的位移,测量标距 $L_g = L + 4d_b$,式中 L 为套筒长度,d_b 为钢筋公称直径。试件受拉时荷载为正,受压时荷载为负。为更清楚地表明接头试件在反复拉压荷载作用下的荷载-位移变化规律,将第一个循环及最后一个循环的变化曲线单独绘制。

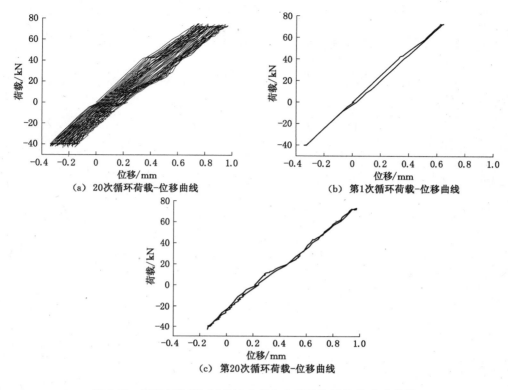

图 2-21　试件 EC-SC-G2-D16-2 高应力反复拉压荷载-位移曲线

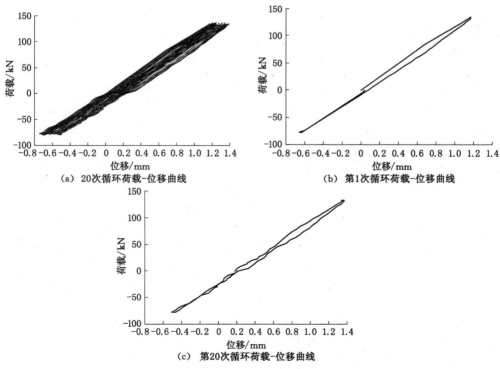

图 2-22　试件 EC-SD-G2-D22-2 高应力反复拉压荷载-位移曲线

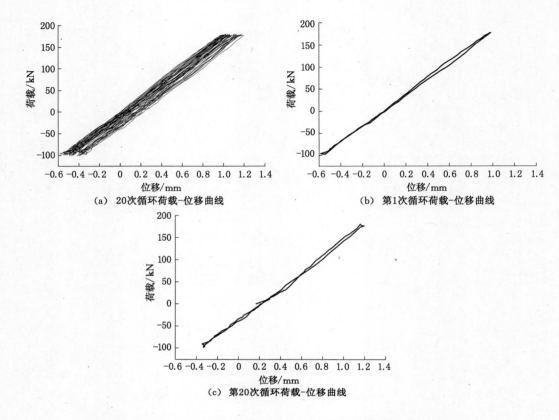

(a) 20次循环荷载-位移曲线

(b) 第1次循环荷载-位移曲线

(c) 第20次循环荷载-位移曲线

图 2-23　试件 EC-SD-G2-D25-2 高应力反复拉压荷载-位移曲线

（1）随着循环次数的增加，残余变形逐渐增加，但 20 次循环之后，三种规格试件的残余变形均小于 0.30 mm。

（2）在第 1 次循环和第 20 次循环中，接头试件的轴向位移随荷载基本呈线性变化，并且接头的刚度基本没有出现退化，这表明在高应力反复拉压过程中钢筋与灌浆料之间的黏结滑移很小，接头的变形以钢筋的弹性变形为主，这与试验过程中观察到的现象一致：试件经过高应力反复拉压循环加载后，套筒端部（最先出现黏结破坏部位）灌浆料未见明显劈裂裂缝，钢筋、灌浆料及套筒三者黏结良好。

图 2-24 所示为试件 PC-SC-G2-D16-3、PC-SD-G2-D22-3 及 PC-SD-G2-D25-3 大变形反复拉压加载过程中的荷载-位移曲线，其中横坐标为引伸计夹持点间的位移，试件受拉时荷载为正，受压时荷载为负。由于套筒灌浆连接接头体积较大，且为金属、水泥基材料、钢筋的结合体，其变形能力较差。若采用 JGJ 107—2016 中的测量标距进行加载控制，会造成钢筋应变较大而实际试验拉力变大。因此，依据 JGJ 355—2015，测量标距 $L_g = \dfrac{L}{4} + 4d_b$。随着循环次数的增加，残余变形逐渐累加，前 4 次循环后的接头残余变形小于后 4 次循环的。这表明随着钢筋屈服并进入强化阶段，钢筋直径不断减小，灌浆料对钢筋的握裹作用削弱，并且灌浆料开始出现劈裂裂缝，造成钢筋与灌浆料间的黏结滑移增加，接头残余变形增大。

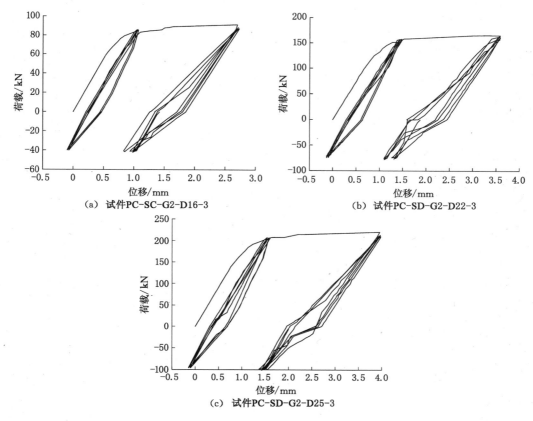

（a）试件 PC-SC-G2-D16-3　　　　　　（b）试件 PC-SD-G2-D22-3

（c）试件 PC-SD-G2-D25-3

图 2-24　大变形反复拉压典型荷载-位移曲线

图 2-25 所示为典型试件 EC-SD-G2-D22-2、EC-SD-G2-D22-3 及 PC-SD-G2-D25-3 循环加载后的单向拉伸荷载-位移曲线，其中横坐标为试验机夹具间的相对位移。试件 EC-SD-G2-D22-3 和 PC-SD-G2-D25-3 经过反复拉压循环后在拉力作用下最终发生钢筋黏结滑移破坏。由于在反复拉压过程中钢筋接近屈服或已屈服，循环加载后试件的荷载-位移曲线中屈服平台变短或消失。除此之外，曲线形状仍与单根钢筋的拉伸荷载-位移曲线相似。在第一个上升段，荷载与位移基本呈线性关系，随后曲线进入钢筋强化阶段。由于钢筋的黏结强度小于其抗拉强度，随着钢筋与灌浆料之间咬合齿被剪断，钢筋连带肋间充满的灌浆料一起被缓慢地拔出。在钢筋拔出阶段，与单向拉伸试件类似，荷载-位移曲线呈波浪形，并保持较高的残余强度，表现出较好的延性。

2.3.4　钢筋黏结应力分布规律

图 2-26 所示为试件 SM-SD-G2-D25-3 采用密布光纤光栅串测得的钢筋锚固段钢筋应变随荷载增加的变化规律。从图中可以看出，钢筋屈服前荷载-应变关系基本呈线性，钢筋屈服后应变显著增长，表明光纤光栅工作良好，能够较好地反映钢筋的应变变化。钢筋屈服后变形过大，光纤光栅损坏，未能测得后续的钢筋应变。

图 2-27 所示为试件 SM-SD-G2-D25-3 连接钢筋应变沿锚固段的分布规律。在锚固长度范围内，连接钢筋应变从套筒端部（钢筋加载端）向套筒中部（钢筋自由端）逐渐降低。随

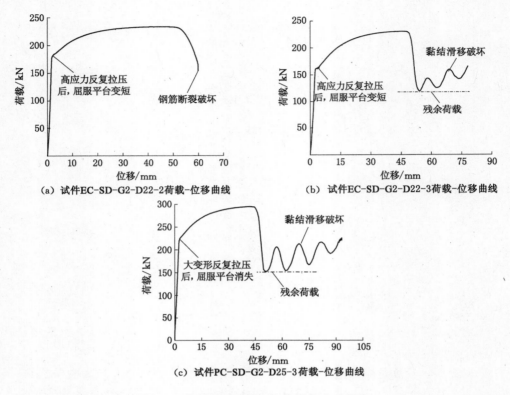

(a) 试件EC-SD-G2-D22-2荷载-位移曲线

(b) 试件EC-SD-G2-D22-3荷载-位移曲线

(c) 试件PC-SD-G2-D25-3荷载-位移曲线

图 2-25 拉压循环后单向拉伸荷载-位移曲线

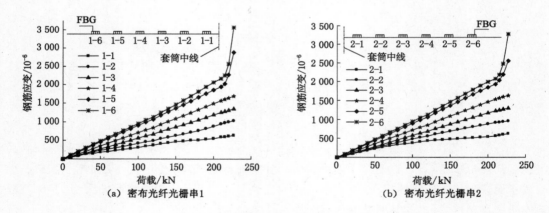

(a) 密布光纤光栅串1

(b) 密布光纤光栅串2

图 2-26 钢筋应变-荷载关系曲线

着荷载的增大,连接钢筋自由端应变变化较小,加载端钢筋应变增长较快,靠近套筒端部的测点 1-5、1-6、2-5、2-6 的应变已进入屈服阶段时,钢筋自由端的最大应变仅为 600×10^{-6} 左右。两根连接钢筋的应变基本呈对称分布。

利用连接钢筋应变测试结果,将其乘以钢筋的弹性模量 E_b,根据 $\sigma_{bi} = E_b \cdot \varepsilon_{bi}$,可得到各测点的钢筋应力。假设两个测点之间的黏结应力均匀分布,根据钢筋的应力平衡条件可得各分段的平均黏结应力:

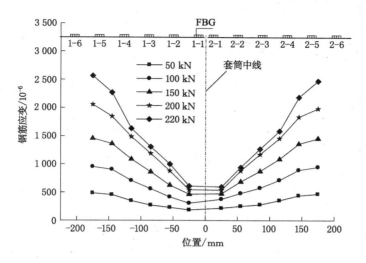

图 2-27　锚固段钢筋应变分布

$$\tau = \frac{A_{\mathrm{b}}}{u_{\mathrm{b}}} \cdot \frac{\Delta\sigma_{\mathrm{bn}}}{l_{\mathrm{n}}} = \frac{d_{\mathrm{b}}}{4} \cdot \frac{\Delta\sigma_{\mathrm{bn}}}{l_{\mathrm{n}}} \tag{2-1}$$

式中，$\Delta\sigma_{\mathrm{bn}}$ 为相邻测点的钢筋应力差，MPa；l_{n} 为相邻测点的距离，mm；u_{b} 为钢筋周长，mm；A_{b} 为钢筋截面积，mm^2。

　　图 2-28 所示为根据试验结果计算得到的钢筋黏结应力分布，并采用样条曲线进行了拟合。从图中可以看出，黏结应力在锚固长度范围内并非均匀分布，而是呈马鞍形分布。当荷载较小时，黏结应力的峰值点靠近套筒端部（钢筋加载端），套筒中部（钢筋自由端）附近的黏结应力很小。随着荷载增加，钢筋自由端的黏结应力逐渐增大，峰值点有向钢筋自由端漂移的趋势。这主要是由于随着钢筋锚固深度的增加，黏结锚固刚度增大所造成的[8]。同时，随着荷载的增加，钢筋自由端附近对钢筋黏结强度的贡献逐渐加大，黏结应力分布曲线逐渐变陡。

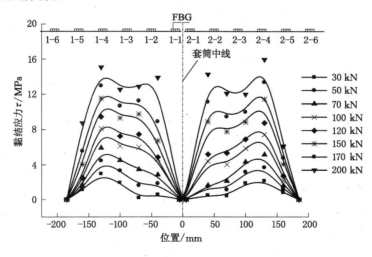

图 2-28　钢筋黏结应力分布

2.4 GDPS 套筒设计方法初步探讨

本书 GDPS 套筒可行性试验研究中采用的套筒截面按以下原则进行设计：

钢筋套筒灌浆连接属于机械连接的一种，因此行业标准 JG/T 398—2012 及 JGJ 355—2015 规定其应按 JGJ 107—2016 进行形式检验。JGJ 107—2016 规定 I 级接头抗拉强度应大于或等于 1.1 倍钢筋抗拉强度标准值。若不考虑套筒凹槽处的应力集中，套筒受力最大处位于套筒中部，忽略灌浆料的抗拉强度，则套筒截面偏安全应满足下式的要求：

$$f_{syk} \cdot A_s \geqslant 1.1 \cdot f_{buk} \cdot A_b \tag{2-2}$$

式中，A_s 为套筒中部截面面积，mm^2；f_{buk} 为钢筋抗拉强度标准值，MPa；A_b 为钢筋公称截面面积，mm^2；为避免套筒产生过大的塑性变形，f_{syk} 宜取套筒屈服强度标准值，MPa。同时，为便于现场安装，JG/T 398—2012 规定锚固段环形凸起部分的内径最小尺寸与钢筋公称直径差值大于或等于 10 mm，本章对直径 16 mm、22 mm 和 25 mm 钢筋连接用套筒采用的差值分别为 15 mm、14 mm 和 17 mm。

需要指出的是，JG/T 398—2012 中规定了套筒材料的机械性能：屈服强度≥355 MPa，抗拉强度≥600 MPa。但笔者认为该规定过于严苛，现有市场上常用的低合金无缝钢管（Q345 和 Q390）难以满足该要求，可适当放宽，原因如下：① 为避免套筒先于钢筋断裂，套筒应具有足够的抗拉承载力，但其承载力由材料强度和截面尺寸共同控制；② 在均满足式（2-2）的要求下，较低的材料强度则需要较大的截面尺寸，而在内径相同的情况下则需要更大的截面厚度，从而使套筒具有更大的径向刚度，套筒对灌浆料的约束作用增强，最终将提高钢筋的黏结强度，受力更为有利。[①]

2.5 本章小结

本书设计制作了一种新型灌浆套筒，该套筒在加工工艺、套筒构造等方面与现有套筒产品有较大差异，具有加工工艺简单、材料利用率高等优点。通过单向拉伸试验和反复拉压试验，对其破坏模式、结构性能等进行了研究，主要得出以下结论：

（1）GDPS 套筒灌浆连接接头的承载力取决于钢筋-灌浆料黏结强度、钢筋抗拉强度及套筒抗拉强度中的最小值。套筒端部内壁设置净高 2.0～2.5 mm、间距 20～25 mm 的凸环肋可满足套筒与灌浆料的黏结强度要求，避免接头出现套筒-灌浆料黏结滑移破坏。

（2）本章试验研究接头试件的钢筋锚固长度为 6.9～9.1 倍钢筋名义直径，大部分试件的钢筋锚固长度在 7.0 倍钢筋名义直径左右。试验结果表明：所有接头的抗拉强度与连接钢筋抗拉强度标准值的比值 $f_u/f_{buk} \geqslant 1.10$ 或接头断于钢筋，满足 JGJ 107—2016 及 ACI 318 中规定的强度要求；同时，残余变形均小于规范要求的允许值，表现出良好的结构性能。

（3）GDPS 套筒的约束作用可避免套筒灌浆连接接头出现劈裂破坏，同时使连接钢筋

---

① 根据近年来的研究成果，新修订的 JG/T 398—2019 中补充了机械加工灌浆套筒的材料力学性能要求，细化了套筒材料的力学性能指标，不再统一要求套筒加工材料的屈服强度≥355 MPa，抗拉强度≥600 MPa。

具有较高的残余黏结强度，其数值大于极限黏结强度的 40％。

（4）钢筋套筒灌浆连接接头在反复拉压过程中，存在钢筋黏结强度退化现象，平均黏结强度较单向拉伸试件约降低 10％。

（5）锚固长度内的两根连接钢筋的应变及据此计算的黏结应力基本以套筒中线为对称轴呈对称分布。每根钢筋的黏结应力呈马鞍形，钢筋应变从加载端向自由端递减，黏结应力的峰值点靠近加载端并随着荷载的增加有向内漂移的趋势。

2.6　参考文献

［1］李爱群，周广东. 光纤 Bragg 光栅传感器测试技术研究进展与展望（Ⅰ）：应变、温度测试［J］. 东南大学学报（自然科学版），2009，39(6)：1298-1306.

［2］徐海伟，曾捷，梁大开，等. 基于光纤传感网络的可变体机翼应变场数值模拟及实验验证［J］. 航空学报，2011，32(10)：1842-1850.

［3］RAO Y J. Recent progress in applications of in-fibre Bragg grating sensors［J］. Optics and lasers in engineering，1999，31(4)：297-324.

［4］孙丽，李宏男，任亮. 光纤光栅传感器监测混凝土固化收缩实验研究［J］. 建筑材料学报，2006，9(2)：148-153.

［5］PANOPOULOU A，LOUTAS T，ROULIAS D，et al. Dynamic fiber Bragg gratings based health monitoring system of composite aerospace structures［J］. Acta astronautica，2011，69(7-8)：445-457.

［6］YAN C，FERRARISA E，GEERNAERTB T，et al. Development of flexible pressure sensing polymer foils based on embedded fibre Bragg grating sensors［J］. Procedia engineering，2010(5)：272-275.

［7］邓宗才，袁常兴. 高强钢筋与活性粉末混凝土黏结性能的试验研究［J］. 土木工程学报，2014，47(3)：69-78.

［8］徐有邻，沈文都，汪洪. 钢筋砼粘结锚固性能的试验研究［J］. 建筑结构学报，1994，15(3)：26-37.

第3章 GDPS 套筒灌浆连接工作机理研究

3.1 引言

灌浆套筒是通过钢套筒及高强无收缩水泥基灌浆料的"桥连"作用实现钢筋的对接连接的,即荷载通过钢筋、灌浆料、钢套筒的相互黏结从一端钢筋传递到另一端钢筋。在加载过程中,灌浆料由于钢筋的"锥楔"作用产生的劈裂膨胀变形受到套筒的约束,而使其处于有效侧向约束状态,与钢筋的黏结强度显著提高,钢筋锚固长度大幅度减小。然而,尽管钢筋套筒灌浆连接方法的提出并付诸工程应用至今已有近 50 年的历史,但关于其约束机理、约束应力分布等方面的研究文献记载仍相对较少。同时,由于试验采用的试件参数,如套筒内腔构造、灌浆料性能及钢筋变形肋的形状和尺寸等不同,理论研究结果有显著差异,有必要进行进一步研究。

本章在前一章试验研究的基础上,介绍 GDPS 灌浆套筒的应变分布规律,分析 GDPS 套筒的约束机理;基于非线性接触理论,采用 ANSYS 有限元软件对接头试件的结构性能及套筒-灌浆料间的相互作用进行数值模拟;最后根据试验结果及数值模拟结果提出 GDPS 套筒灌浆连接接头承载力的计算方法。

3.2 GDPS 灌浆套筒应变变化及分布规律

套筒表面的应变可直观反映套筒的约束应力分布及约束作用大小,因此本节首先介绍 GDPS 套筒灌浆连接接头试件在轴向拉伸及反复拉压荷载作用下套筒表面的轴向及环向应变分布规律。

3.2.1 单向拉伸试件套筒表面应变

(1) 套筒表面轴向应变

为研究 GDPS 套筒的约束机理,在套筒表面密集粘贴了环向和轴向应变片,图 3-1 所示为荷载-套筒表面轴向应变关系曲线。由图可见,套筒中部(无肋段)轴向应变为拉应变,套筒变形段凸肋间的轴向应变主要为压应变。除试件 SM-SD-G2-D22-1 由于套筒中部区域屈服,应变呈非线性增长外,其余轴向应变基本呈线性增长。在加载后期(钢筋屈服后),试件 SM-SC-G2-D16-3、SM-SD-G2-D22-1 及 SM-SD-G2-D25-1 变形段应变曲线分别在 95 kN、180 kN 和 240 kN 左右时出现转折,应变增速减缓,并有向拉应变转换的趋势。

图 3-2 所示为套筒轴向应变沿套筒长度方向的分布曲线,为减小由于灌浆料非匀质性及套筒凸肋处应力集中所造成的试验结果的离散,应变值取同型号三个试件应变的平均值。曲线可分三段,左、右端为套筒变形段的应变分布,中部为套筒无肋段的应变分布,以套筒中

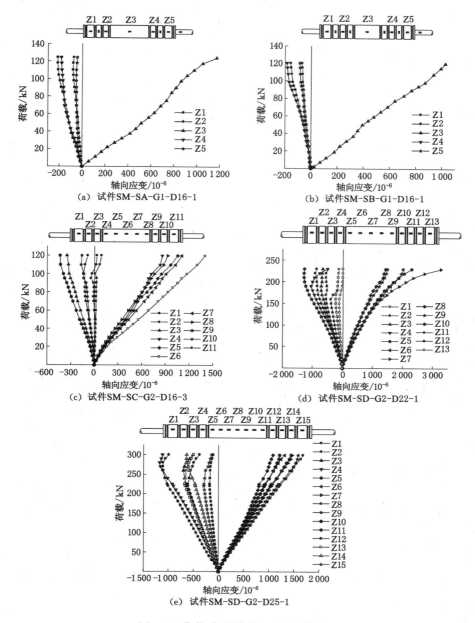

图 3-1　荷载-套筒轴向应变关系曲线

线近似呈对称分布。

　　套筒中部无肋段轴向应变为拉应变,从套筒中线处近似呈指数曲线向两端衰减,并在套筒第 1 道肋处从拉应变突变为压应变。套筒变形段轴向应变为压应变,峰值位于中部第 1 道肋外侧,并向套筒端部衰减。

　　表 3-1 为 SM-SC-G2-D16、SM-SD-G2-D22 及 SM-SD-G2-D25 系列试件套筒光滑段和变形段与灌浆料的平均黏结应力计算结果。$\tau_{s,1}$ 为套筒光滑段与灌浆料平均黏结应力,按式(3-1)计算;$\tau_{s,2}$ 为套筒变形段与灌浆料平均黏结应力,MPa,按式(3-2)计算;τ_s 为套筒全长

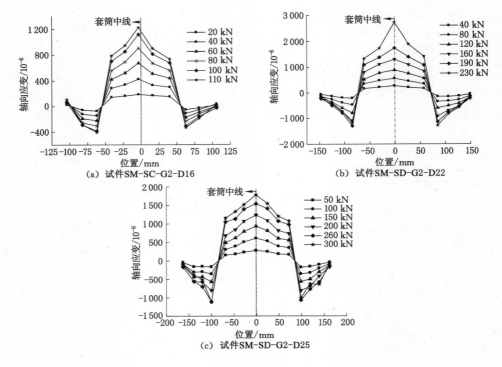

图 3-2 套筒轴向应变分布规律

与灌浆料的平均黏结应力,MPa,按式(3-3)计算。

$$P_{s,1} = \tau_{s,1} \cdot \pi d_b \cdot 0.5L_1 = (\sigma_{s,mid} - \sigma_{s,1}) \cdot A_s = (\varepsilon_{s,mid} - \varepsilon_{s,1}) \cdot E_s \cdot A_s \quad (3\text{-}1)$$

$$\tau_{s,2} = \frac{P_{s,2}}{\pi(D - 2t_s) \cdot (L_2 - L_3)} = \frac{P_u - P_{s,1}}{\pi(D - 2t_s) \cdot (L_2 - L_3)} \quad (3\text{-}2)$$

$$\tau_s = \frac{P_u}{\pi(D - 2t_s) \cdot (0.5L - L_3)} \quad (3\text{-}3)$$

式中,$\varepsilon_{s,mid}$ 为套筒中部实测应变;$\varepsilon_{s,1}$ 为套筒光滑段端部的轴向应变实测值;E_s 为套筒弹性模量;A_s 为套筒截面面积,mm^2;d_b 为钢筋直径,mm;D 为套筒外径;t_s 为套筒壁厚;$P_{s,1}$ 为套筒光滑段的黏结力;$P_{s,2}$ 为套筒变形段的黏结力;P_u 为试件破坏荷载;L、L_1、L_2 和 L_3 分别为套筒长度、光滑段长度、套筒变形段长度和端部密封塞厚度,mm。

表 3-1 套筒-灌浆料平均黏结应力

试件名称	$\tau_{s,1}$/MPa	$P_{s,1}$/kN	$\tau_{s,2}$/MPa	$P_{s,2}$/kN	τ_s/MPa	$\alpha = P_{s,1}/P_u$
SM-SC-G2-D16	8.70	47.8	9.28	72.1	9.04	0.399
SM-SD-G2-D22	10.59	96.8	11.61	142.0	11.17	0.405
SM-SD-G2-D25	9.12	114.9	12.88	184.5	11.12	0.384

试件破坏时,套筒光滑段与灌浆料的黏结应力主要为摩擦力;对于套筒变形段,黏结应力主要包括摩擦力和机械咬合力。根据计算结果,套筒光滑段的平均黏结应力仅略小于变形段,套筒光滑段的黏结力 $P_{s,1}$ 约为试件破坏荷载 P_u 的 40%,可以推断套筒变形段与灌浆料的机械咬合力尚未达到峰值,黏结强度仍有较大富裕。

（2）套筒表面环向应变

图 3-3 所示为荷载-套筒环向应变关系曲线，套筒两端变形段和中部光滑段的环向应变均为压应变，其应变绝对值小于同位置处的轴向应变。由图 3-3（a）、（b）及（c）可以看出，试件 SM-SA-G1-D16-1、SM-SB-G1-D16-1 及 SM-SC-G2-D16-3 在荷载小于 95 kN 时，环向应变基本呈线性增长；在荷载为 95 kN 左右时，除套筒中部应变（H6）外，其余部位应变的测量值随荷载增加的速度逐渐减缓，套筒变形段的压应变逐渐减小。试件 SM-SC-G2-D16-3 破坏时，H1 处应变测量结果变为拉应变，表明在加载后期，随着灌浆料劈裂变形的增大，套筒端部的约束作用逐渐显现。

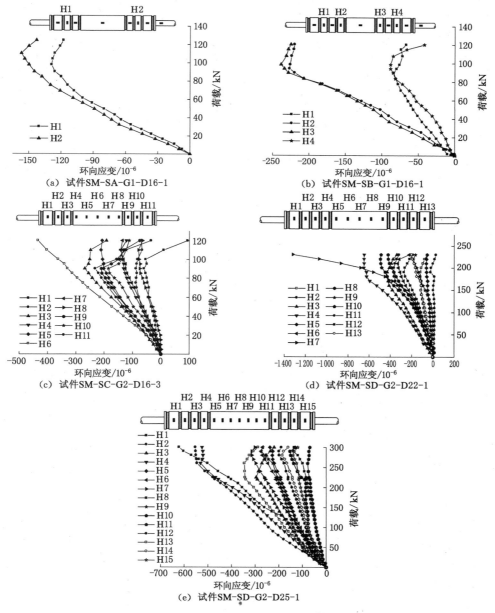

图 3-3　荷载-套筒环向应变关系曲线

由图 3-3(d)、(e)可以看出,试件 SM-SD-G2-D22-1 和 SM-SD-G2-D25-1 分别在 180 kN 和 240 kN 时,荷载-套筒环向应变关系曲线出现与试件 SM-SC-G2-D16-3 等类似的转折,在之前应变基本呈线性增长。试件 SM-SD-G2-D22-1 由于套筒中部受拉屈服,受泊松效应影响,中部环向应变(H8)呈非线性增长。

图 3-4 所示为套筒环向应变沿套筒长度方向的分布曲线,为减小由于灌浆料非匀质性及套筒凸肋处应力集中所造成的试验结果的离散,应变值取同型号三个试件应变的平均值。该曲线与荷载-轴向应变关系曲线类似,可分三段,左、右端为套筒变形段的应变分布,中部为套筒无肋段的应变分布,以套筒中线近似呈对称分布。曲线存在三个峰值点,分别为套筒中部和中部两侧第 1 道肋处。中部无肋段环向应变从套筒中线处近似呈指数曲线向两端衰减,变形段从中部第 1 道肋处向套筒端部衰减。

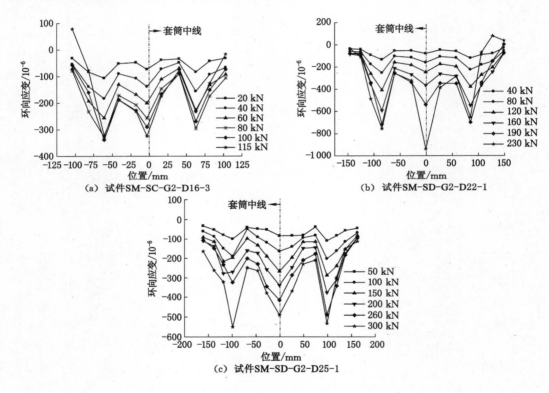

图 3-4 套筒环向应变分布规律

3.2.2 反复拉压试件套筒表面应变

图 3-5 所示为试件 EC-SD-G2-D25-1 和 PC-SD-G2-D22-3 在反复拉压荷载作用下 GDPS 套筒的应变变化。为更清楚地表明套筒在反复拉压荷载作用下的应变变化规律,将第一个循环的荷载-套筒应变关系曲线单独绘制,如图 3-6、图 3-7 所示。由图可见,在拉力作用下,套筒应变变化与单向拉伸试件一致;在压力作用下,则随着荷载方向的改变而由拉应变转为压应变或反之。由于在反复拉压试验中,最大荷载接近或仅略高于屈服荷载,套筒应变随荷载增加始终呈线性变化,未出现单向拉伸试件中的转折点。

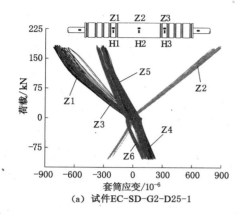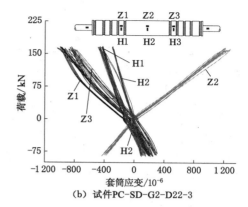

（a）试件 EC-SD-G2-D25-1　　　　（b）试件 PC-SD-G2-D22-3

图 3-5　荷载-套筒应变关系

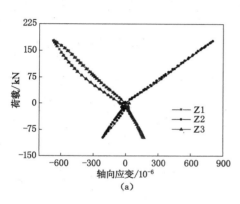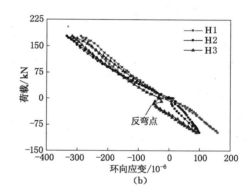

图 3-6　试件 EC-SD-G2-D25-1 第一个循环的荷载-套筒应变关系

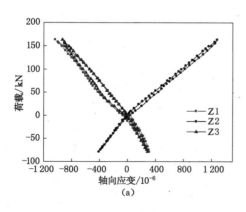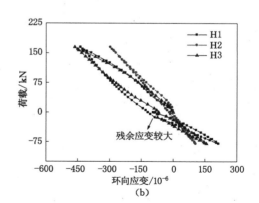

图 3-7　试件 PC-SD-G2-D22-3 第一个循环的荷载-套筒应变关系

　　从图 3-6（a）和图 3-7（a）可以看出，试件在拉力作用下，套筒轴向应变变化曲线的斜率小于在压力作用下的曲线斜率。原因主要是灌浆料的抗压能力远大于其抗拉能力，造成试件在压力作用下灌浆料分担了更多的荷载。

　　试件在拉力作用下，钢筋的"锥楔"作用造成灌浆料产生径向膨胀变形，灌浆料的非弹性性质造成了试件卸载后其中的一部分变形无法恢复，进而造成套筒存在相对较大的环向残余应变,如图 3-6(b)和图 3-7(b)所示,试件 PC-SD-G2-D22-3 的应变片 H1 和 H3 表现更为明显。同时,荷载从零转变为压力时,应变片 H1 和 H3 的变化曲线存在反弯点:当压力较小时,压应变有一个短暂的增长过程,然后随着压力的增大逐渐过渡为拉应变。这主要是由于荷载在从拉力转变为压力的过程中,套筒及灌浆料发生应力重分布,应变滞后所造成的。

3.3 GDPS 灌浆套筒约束机理

钢筋套筒灌浆连接是一种对接连接方式,通过不同材料间的相互黏结将荷载从一端钢筋传递到另一端钢筋。在拉力作用下,由于钢筋"锥楔"作用产生的灌浆料径向膨胀变形受到套筒的约束,而使灌浆料处于有效侧向约束状态,减少并延缓了灌浆料的劈裂,钢筋的黏结强度显著提高[1-6]。Robins 等[2]研究发现:当外部约束应力超过混凝土抗压强度的 1/3时,混凝土咬合齿发生剪切破坏,试件发生拔出破坏,过高的约束应力并不会提高拉伸试件的破坏荷载。Navaratnarajah 等[3]也发现了类似的规律,但不同破坏模式的临界约束应力略有不同。Nagatomo 等[4]研究发现:当钢筋保护层厚度大于 2.5 倍钢筋直径时,黏结强度随着约束应力的提高基本保持不变。

在拉力作用下,灌浆料因钢筋"锥楔"作用产生的径向位移受到套筒的约束,在灌浆料内部产生径向压应力,环向产生拉应力,当环向拉应力超过灌浆料的抗拉强度时,即在钢筋-灌浆料界面处出现劈裂裂缝。同时,灌浆料的径向位移及劈裂膨胀在灌浆料和套筒界面处产生约束应力 f_n,在灌浆料内部产生径向压应力 σ_g,在套筒环向产生拉应力 σ_s,如图 3-8 所示。

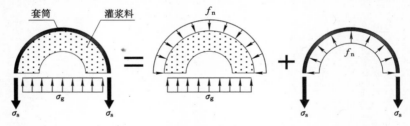

图 3-8　灌浆套筒约束示意图

尽管钢筋套筒灌浆连接均是利用套筒的约束作用提高钢筋黏结强度的,但套筒内腔结构的不同会影响套筒的约束效果及约束机理,对应的套筒应变分布规律也有显著差异。为证明该点,笔者对 Einea 等[7]、Ling 等[8]及本书试验用的灌浆套筒应变分布进行了对比。图 3-9 所示套筒采用无缝钢管制作,套筒两端各焊接一个止推钢环,套筒内壁为光滑面;图 3-10 所示套筒为锥形套筒,套筒内壁为倾斜光滑面。

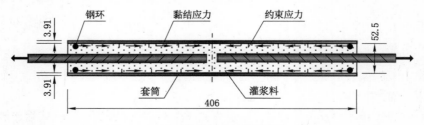

图 3-9　Einea 等试验用全灌浆套筒(mm)

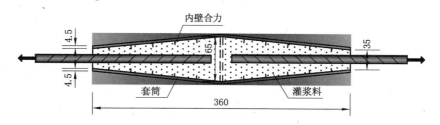

图 3-10　Ling 等试验用全灌浆套筒（mm）

图 3-11 所示为 Einea 等采用的套筒灌浆连接接头在单向拉伸荷载作用下的套筒表面应变测试结果。由于套筒内壁光滑，灌浆料与套筒之间的黏结力主要为两者之间的化学黏着力及摩擦力，灌浆料受到套筒及端部钢环的共同约束。由图 3-11 可见，由于灌浆料的劈裂膨胀变形，套筒环向应变为拉应变，轴向因泊松效应影响而为压应变，且轴向应变绝对值远小于环向应变，试样 5 的套筒在接头破坏时，套筒中部环向已屈服。在加载后期，部分应变片的应变曲线存在转折，应变特性有从拉应变向压应变转变或从压应变向拉应变转变的趋势。对于该类型套筒，由于套筒端部钢环对灌浆料的止推作用较小及灌浆料的应力吸收特性，套筒对灌浆料的约束相对滞后。

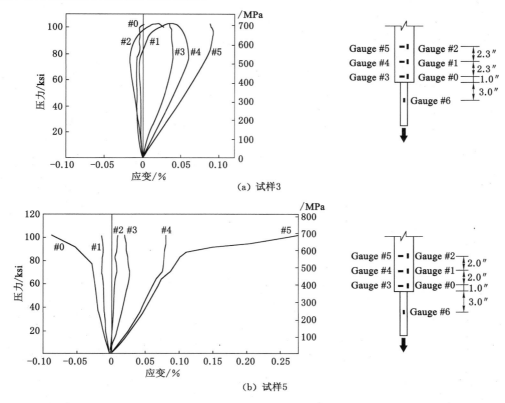

图 3-11　Einea 等试验用套筒应变测试结果

图 3-12 所示为 Ling 等采用的套筒灌浆连接接头在单向拉伸荷载作用下的套筒表面应变测试结果。由于套筒内壁为光滑倾斜面，筒壁上合力的水平分量阻止灌浆料的滑移，径向

分量可对填充灌浆料提供约束。试验结果表明：套筒轴向应变始终为拉应变，在加载前期套筒环向因泊松效应影响而为压应变，在加载中期随着灌浆料的劈裂变形，逐渐转变为拉应变。对于该类型套筒，由于从加载开始，套筒与灌浆料相互作用的径向分力即对灌浆料产生约束，其约束作用具有主动性。

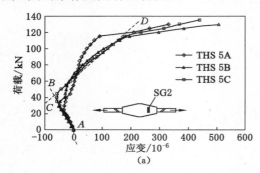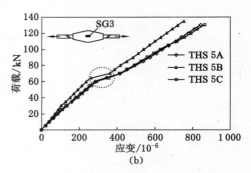

图 3-12　Ling 等试验用套筒应变测试结果

由于套筒内腔结构的不同，对比 Einea 等、Ling 等及本书 GDPS 灌浆套筒的应变特性及变化可发现显著差异。对于 GDPS 套筒，其内腔结构可分为三段，即两端变形段和中部光滑段。套筒应变测试结果表明：光滑段轴向应变为拉应变，变形段主要为压应变，在中部第 1 道环肋处轴向应变发生突变；套筒环向全长主要表现为压应变。造成这一独特应变规律的原因如下：

（1）与其他套筒不同，GDPS 套筒在两端布有多道环状凹槽和凸肋，在拉力作用下套筒与灌浆料的相互作用造成套筒内壁环肋处存在较大的挤压力作用下，如图 3-13（a）所示，造成凹槽间的筒壁处于局部径向弯曲状态，套筒轴向应力沿径向分布不均匀，外表面受压，内表面受拉，如图 3-13（b）所示。本章测得的应变为外表面应变，将在下节的数值模拟中对该推断予以证明。

（2）套筒变形段环肋与灌浆料的挤压作用在阻止灌浆料跟随钢筋滑移的同时，其径向分力对灌浆料产生约束，并且该约束在加载初期即随着套筒与灌浆料的相互作用而出现，承担了套筒变形段灌浆料的大部分膨胀变形，从而造成凹槽间的筒壁环向应变始终以压应变为主，而未出现 Einea 等及 Ling 等试验中测得的较大环向拉应变。

（3）对于套筒光滑段，在拉力荷载作用下，套筒的"桥连"作用使套筒中部产生轴向拉应变，该结果与 Ling 等试验用套筒的轴向应变测试结果一致。

（4）试件破坏过程及形态表明：灌浆料的劈裂首先在套筒端部出现，从钢筋加载端向自由端（套筒中部）逐渐出现和延伸，因此光滑段内的灌浆料劈裂膨胀相对较小。根据弹性力学理论［式（3-4）］，当套筒因灌浆料劈裂膨胀造成的环向拉应变小于因泊松效应（套筒在拉力作用下沿轴向伸长）而产生的环向压应变时，则最终的应变为压应变。

$$\varepsilon_\theta = \frac{1}{E_s}[\sigma_\theta - \nu_s \cdot \sigma_r - \nu_s \cdot \sigma_z] \tag{3-4}$$

式中，ε_θ 为环向应变；σ_θ 为环向应力；σ_r 为径向应力；σ_z 为轴向应力；ν_s 为泊松比。

综上所述，套筒光滑段的约束作用与 Einea 等试验采用的光滑套筒类似，约束相对滞后，应变的大小取决于灌浆料膨胀变形的大小。若将 GDPS 套筒环肋数量减少至两端各 1

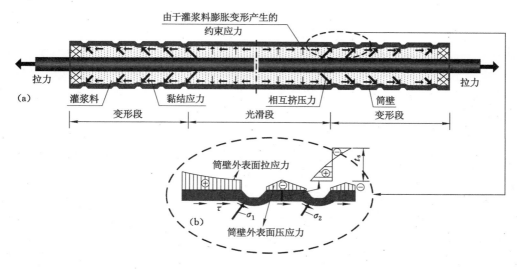

图 3-13　GDPS 套筒内壁与灌浆料的相互作用

道,则形成类似于 Einea 等采用的套筒,此时灌浆料将会产生显著的劈裂膨胀变形,钢筋滑移量增加;套筒变形段的约束则与 Ling 等试验采用的锥形套筒类似,在加载初期即随着灌浆料与套筒间的相对滑移而出现,类似于主动约束。因此,可以推断套筒环肋的数量对 GDPS 套筒的约束效果有重要影响,进而影响连接钢筋的黏结性能。同时需要指出的是,由于套筒中部拉应力较大,环肋数量过多或套筒变形段过长时,过大的轴向拉应力容易导致套筒在中部第 1 道环肋处断裂。

3.4　非线性有限元分析

钢筋套筒灌浆连接通过钢筋、灌浆料和套筒的相互黏结或相互接触传递钢筋应力,实现钢筋的对接连接,并通过套筒对灌浆料的约束提高钢筋的黏结强度,减小钢筋锚固长度。尽管可通过粘贴应变片的方法对套筒的约束作用进行研究,但仅局限于套筒外表面,对套筒内表面的应变变化及分布难以直接测量。而由于套筒内腔结构的复杂性,套筒的应变沿壁厚方向通常是不均匀分布的。同时,套筒内壁与灌浆料的相互作用亦难以通过试验方法直接获得,而该相互作用则决定灌浆套筒的应变分布,并反映套筒的约束机理。

近年来,商业有限元软件日臻完善,在前处理、运算功能和后处理方面均表现出较强功能。ANSYS 软件作为一个大型通用有限元分析软件,其内含的多种单元类型和材料本构模型为钢筋混凝土结构、钢结构、地基基础等仿真提供了理论平台,正逐渐成为结构构件分析和工程应用的常用工具[9-11]。1968 年,Bresler 等[12]和 Nilson[13]提出用线性和非线性弹簧模拟钢筋与混凝土的黏结行为,这种"界面层"模型得到了广泛的认可,现在仍然被广泛地应用。Hammaty 等[14] 1991 年首次采用 ANSYS 中的非线性弹簧单元对钢筋与混凝土黏结滑移问题进行了数值模拟,这种模拟技术通过在分离式模型中插入零长度弹簧,利用弹簧的力-变形关系实现对黏结滑移问题的模拟。本书则根据 GDPS 套筒灌浆连接传力机理及模型的特点,基于 ANSYS 接触分析功能对灌浆套筒连接的性能及套筒和灌浆料间的相互作用进行数值模拟。

3.4.1 接触分析

接触问题属于不定边界问题,是一种高度非线性行为,即使是弹性接触问题,也具有表面非线性,其中既有由接触面积变化而产生的非线性及由接触压力分布变化而产生的非线性,也有由摩擦作用而产生的非线性。由于这种表面非线性和边界不定性,一般来说,接触问题的求解是一个反复迭代的过程。

(1)接触分类

接触问题一般分为两类,刚体对柔体接触和柔体对柔体接触。刚体对柔体接触中,一个或多个接触表面作为刚体(一个表面的刚度比另一个表面的刚度要高很多),许多金属成形问题归入此类;柔体对柔体接触中,两个或所有的接触体都可变形(所有表面刚度相差不多),螺栓法兰连接是一个柔体对柔体接触的例子。

ANSYS支持三种接触方式:点-点、点-面和面-面接触,每种接触方式使用的接触单元适用于某类特定问题。本书针对灌浆套筒连接特点采用面-面接触方式。面-面接触具有以下优点:与低次和高次单元都兼容;支持具有大滑动和摩擦的大变形;易于进行接触压力和摩擦应力的后处理;没有刚体表面形状的限制;与点-面接触单元相比,需要较少的接触单元。

(2)接触协调条件

为了阻止接触表面相互穿过,两个实体表面间必须建立一个接触协调条件,否则这两个表面将相互穿过,如图 3-14 所示。

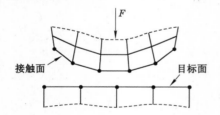
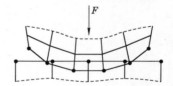

图 3-14　接触协调示意图

ANSYS 根据接触协调条件的不同提供了多种接触算法,其中用一个弹簧施加接触协调条件(图 3-15)的算法称为罚函数法。该算法需要定义弹簧的法向刚度与切向刚度,弹簧的变形量 Δ 满足式(3-5)。它主要的缺点是两个接触物体表面之间的渗透深度取决于这两个物体表面的刚度 k。如果刚度较小,则渗透就会增大。而较高的刚度可以减小渗透的深度,但是会导致整体刚度矩阵出现"病态"和收敛的困难。主要用于单元非常扭曲、大摩擦系数或用增广的拉格朗日法收敛行为不好的问题。

$$F = k \cdot \Delta \tag{3-5}$$

另一种算法为拉格朗日乘子法,该算法增加一个附加自由度(接触压力),以满足不侵入条件。

将罚函数法和拉格朗日乘子法结合起来施加接触协调条件(图 3-16)的算法为增广的拉格朗日法,为程序默认算法,需定义接触刚度和最大穿透容差。该算法是通过改变罚刚度寻找拉格朗日乘子的迭代过程。在迭代的开始,接触协调条件基于罚刚度决定。一旦达到

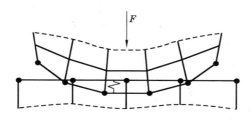

图 3-15　罚函数法接触协调条件

平衡,就检查许可侵入量。这时,如果有必要,接触压力增大,继续进行迭代。与罚函数的方法相比,增广拉格朗日算法容易得到良态条件,对接触刚度的敏感性较小。

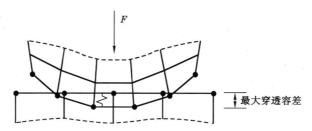

图 3-16　增广的拉格朗日法接触协调条件

3.4.2　有限元模型建立

为进一步研究 GDPS 套筒灌浆连接接头的传力机理及套筒的应变分布规律,对试件 SM-SD-G2-D25-1 建立 1/2 有限元模型。钢筋与混凝土(灌浆料)两种材料的组合模型建立一般可分为整体式、组合式和分离式三种形式[12-14]。由于整体模型假定钢筋弥散于混凝土单元中,而组合式模型假定两种材料的变形一致,均不考虑两种材料的相互变形,因此本书采用分离式模型建模。

3.4.2.1　材料本构模型

（1）钢套筒

套筒采用双线性随动强化模型,单轴应力-应变关系为双折线,材料屈服准则采用 Mises 屈服准则,其等效应力 σ_e 表达式为:

$$\sigma_e = \sqrt{\frac{1}{2}\left[(\sigma_1-\sigma_2)^2+(\sigma_2-\sigma_3)^2+(\sigma_1-\sigma_3)^2\right]} \tag{3-6}$$

式中,σ_1、σ_2 和 σ_3 分别为三个方向的主应力。

套筒的应力-应变关系曲线如图 3-17 所示,弹性模量取 2.06×10^5 MPa,钢管屈服应力按试验值。

（2）连接钢筋

连接钢筋采用三折线各向同性硬化材料模型,采用 Mises 屈服准则,单轴受拉应力-应变关系曲线如图 3-18 所示。钢筋弹性模量取 2.0×10^5 MPa,屈服应力和极限应力按试验结果,屈服平台长 8 000 $\mu\varepsilon$。

（3）填充灌浆料

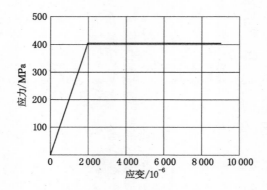

图 3-17　钢套筒本构模型

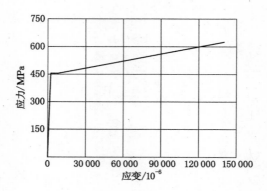

图 3-18　连接钢筋本构模型

　　灌浆料采用多线性各向同性硬化材料模型。由于缺少成熟的高强水泥基灌浆料本构关系,本书灌浆料的单轴受压应力-应变参考混凝土材料,按式(3-7)和式(3-8)确定[15],如图 3-19 所示,灌浆料材料特性根据试验结果取值。

$$\sigma = E_g \cdot \varepsilon \bigg/ \left[1 + \left(\frac{\varepsilon}{\varepsilon_0} \right)^2 \right] \quad (\varepsilon \leqslant 0.005\ 5) \tag{3-7}$$

$$\varepsilon_0 = 2f_g / E_g \tag{3-8}$$

式中,f_g 为灌浆料抗压强度,MPa;E_g 为灌浆料弹性模量,MPa;σ 为灌浆料压应力,MPa;ε 为灌浆料压应变。ANSYS 中的应力应变关系默认是拉压相等的,尽管与实际情况不符,但由于灌浆料受拉段非常短,认为拉压相等影响很小。同时,由于在破坏准则中定义了灌浆料的抗拉强度,所以尽管是一条大曲线,但应用于受拉部分的很小[9]。

　　灌浆料破坏准则采用 William-Warnke 五参数准则,其破坏面的表达式可以表示为:

$$\frac{F}{f_c} - S \geqslant 0 \tag{3-9}$$

式中,F 是主应力的函数;S 表示破坏面,是关于主应力及 f_t、f_c、f_{cb}、f_1、f_2 五个参数的函数,f_t 为单轴极限抗拉强度,f_c 为单轴极限抗压强度,f_{cb} 为等压双轴抗压强度,f_1 为静水压力下的双轴抗压强度,f_2 为静水压力下的单轴抗压强度。

　　若应力状态不满足式(3-9),则不发生开裂或压碎。应力状态满足上式后,若有拉伸应

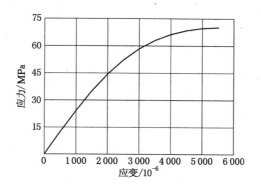

图 3-19　灌浆料本构模型

力将导致开裂，若有压缩应力将导致压碎。此外，当静水压力较小，满足 $|\sigma_h| \leqslant \sqrt{3} f_c$ $\left[\text{其中} \sigma_h = \frac{1}{3}(\sigma_1 + \sigma_2 + \sigma_3)\right]$ 时，可仅使用两个参数定义材料的破坏曲面，其他三个参数可以按照 Willam-Warake 五参数破坏准则的默认值：$f_{cb} = 1.2 f_c$，$f_1 = 1.45 f_c$，$f_2 = 1.725 f_c$。当静水压力较大时，必须设定五个参数，否则将导致计算结果错误。

3.4.2.2　单元选取

（1）连接钢筋和钢套筒

有限元模型中，通常采用 LINK 单元或 PIPE 单元模拟钢筋，但考虑本模型的特点，为在接触面上生成面-面接触单元，本书模型中的连接钢筋采用实体单元 SOLID187 模拟。钢套筒同样采用 SOLID187 单元模拟。

该单元为三维 10 节点四面体单元（图 3-20），可以较好地模拟不规则的模型。单元通过 10 个节点来定义，每个节点有 3 个沿着 x、y、z 方向平移的自由度。单元支持塑性、超弹性、蠕变、应力刚化、大变形和大应变能力，还可采用混合模式模拟几乎不可压缩的弹塑材料和完全不可压缩的超弹性材料。

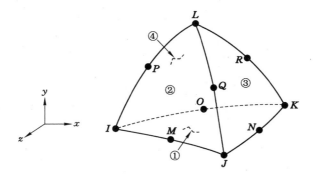

图 3-20　SOLID187 单元

（2）灌浆料

灌浆料采用实体单元 SOLID65 模拟，该单元是专为混凝土、岩石等抗压能力远大于抗拉能力的非均匀材料开发的单元，为 8 节点六面体单元（图 3-21），每个节点均有 3 个平动自

由度 U_x、U_y、U_z，可以考虑诸如混凝土在 3 个正交方向的开裂、混凝土的压碎、混凝土的塑性变形和徐变等非线性性质。

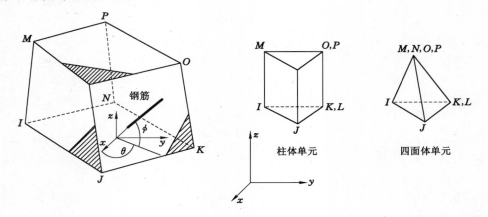

图 3-21　SOLID65 单元

（3）界面单元

在钢筋和灌浆料的界面及钢套筒与灌浆料的界面上插入面-面接触单元。在接触问题中，需把一个接触面定义为目标面，把另一个定义为接触面。刚体对柔体的接触，目标面总是刚性面，接触面总是柔性面，这两个面合起来为一个接触对，程序通过相同的实常数号来识别。接触单元被约束，不能侵入目标面，然而，目标单元能够侵入接触面。

接触面、目标面的指定原则：① 如果凸面与平面或凹面接触，那么平面或凹面应该是目标面；② 如果一个表面网格粗糙，而另一个表面网格较细，那么网格粗糙的表面应该是目标面；③ 如果一个表面比另一个表面的刚度大，那么刚度大的表面应该是目标面；④ 如果一个表面划分为高次单元，而另一个表面划分为低次单元，那么划分为低次单元的表面应该是目标面；⑤ 如果一个表面比另一个表面大，那么更大的表面应该是目标面。

本书模型刚性面上的目标单元采用 TARGE170 单元，其为三维单元，有如下类型：3 节点三角形、4 节点四边形、6 节点三角形、8 节点四边形、圆柱、圆锥、球和控制节点，如图 3-22 所示；柔性面上的接触单元采用 CONTA174 单元，其为三维、8 节点高次四边形单元，能够位于有中间节点的三维实体单元的表面，该单元还能退化成 6 节点三角形，如图 3-23 所示。

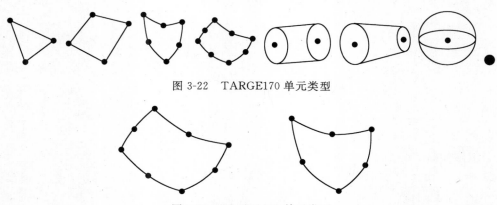

图 3-22　TARGE170 单元类型

图 3-23　CONTA174 单元类型

3.4.2.3　接触单元实常数和关键选项设置

（1）实常数

ANSYS 使用 20 个实常数控制面-面接触单元的接触。本书中针对几个主要实常数做如下几点说明：

① FKN 为罚刚度比例系数，为接触刚度指定一个比例因子或指定一个绝对值，通常介于 0.01～10 之间。对于以弯曲变形为主的问题，取 0.01～0.1。对于本书中的大变形问题，设置 FKN＝1 既可以避免过多的迭代次数，又能使穿透到达极小值。本书中 FKN 取 1。

② FTLON 为拉格朗日算法指定容许的最大穿透。正值表示下伏单元厚度的比例因子，负值表示绝对值，如果程序发现穿透大于此值，即使不平衡力和位移增量已经满足了收敛准则，总的求解仍被当作不收敛处理。此值太小可能会造成太多的迭代或不收敛。本书中 FTLON 取 0.02。

③ PMIN 和 PMAX 为初始容许穿透容差。这两个参数指定初始穿透范围，ANSYS 把整个目标面（连同变形体）移到由 PMIN 和 PMAX 指定的穿透范围内，而使其成为闭合接触的初始状态。

④ TAUMAX 为接触面的最大等效剪应力。给出这个参数的目的在于，不管接触压力值多大，只要等效剪应力达到最大值 TAUMAX，就会发生滑动。

⑤ FKOP 为接触张开弹簧刚度。针对不分离或绑定接触模型，需要设置实常数 FKOP，该常数为张开接触提供了一个刚度值。

⑥ FKT 为切向接触刚度。作为初值，可以采用－FKT＝0.01×FKN，这是大多数 ANSYS 接触单元的缺省值。

（2）关键选项

面-面接触单元包括数个关键选项，本书中针对几个主要关键字做如下几点说明：

① KEYOPT(2)：选择接触算法。等于 0 时，增广的拉格朗日法（缺省选项），推荐于一般应用，它对罚刚度不太敏感，但是也要求给出一个穿透容差；等于 1 时，罚函数法，推荐应用于单元非常扭曲、大摩擦系数和用增广的拉格朗日法收敛行为不好的问题。本书设置 KEYOPT(2)＝0。

② KEYOPT(5)：自动 CNOF 调整。允许 ANSYS 基于初始状态自动给定 CNOF 值，导致"刚好接触"配置。等于 0 时，不进行自动调整；等于 1 时，闭合间隙；等于 2 时，减小穿透；等于 3 时，闭合间隙/减小穿透。本书设置 KEYOPT(5)＝0。

③ KEYOPT(7)：时间步控制选项。只有在 Solution Control 中打开基于接触状态变化的时间步预测，此选项才起作用。等于 0 时，不控制，不影响自动时间步长，对静力问题自动时间步打开时，此选项一般是足够的；等于 1 时，自动二分，如果接触状态变化明显，时间步长将二分，对于动力问题自动二分通常是足够的；等于 2 时，合理值，比自动细分更耗时的算法；等于 3 时，最小值，此选项为下一子步预测最小时间增量（很耗机时，不推荐）。本书设置 KEYOPT(7)＝0。

④ KEYOPT(9)：初始穿透间隙控制。等于 0 时，包括几何穿透/间隙和 CNOF；等于 1 时，忽略几何穿透/间隙和 CNOF；等于 2 时，包括几何穿透/间隙和 CNOF，且在第一个载荷步中渐变；等于 3 时，忽略几何穿透/间隙，包括 CNOF；等于 4 时，忽略几何穿透/间隙，包括

CNOF,且在第一个载荷步中渐变。本书设置 KEYOPT(9)＝1。

⑤ KEYOPT(10):接触刚度更新控制。等于 0 时,闭合状态的接触刚度不进行任何更新;等于 1 时,每一载荷步更新闭合状态的接触刚度(FKN 或 FKT,由用户指定);等于 2 与等于 1 同,此外在每一子步,程序自动更新接触刚度(根据变形后下伏单元的刚度)。本书设置 KEYOPT(10)＝1。

⑥ KEYOPT(12):创立不同的接触表面相互作用模型。等于 0 (standard)时,标准的接触行为,张开时法向压力为 0;等于 1 (rough)时,粗糙接触行为,不发生滑动(类似无限摩擦系数);等于 2 (no separation)时,不分离接触,允许滑动;等于 3(bonded)时,绑定接触,目标面和接触面一旦接触就粘在一起;等于 4〔no separation(always)〕时,不分离接触(总是),初始位于 pinball 区域内或已经接触的接触检查点在法向不分离;等于 5〔bonded(always)〕时,绑定接触(总是),初始位于 pinball 区域内或已经接触的接触检查点总是与目标面绑定在一起;等于 6〔bonded(initial)〕时,绑定接触(初始接触),只在初始接触的地方采用绑定,初始张开的地方保持张开。本书设置 KEYOPT(12)＝0。

3.4.2.4　求解分析选项和荷载步选项

为加速模型的收敛,本书采用了以下求解分析选项和荷载步选项:

(1) 在迭代过程中,如果接触状态改变,会发生间断。为了避免收敛缓慢,使用不带自适应下降的完全牛顿-拉普森方法求解。

(2) 为了使接触力平滑传递,时间步尺寸必须足够小。本书采用打开自动时间步长的方法实现。

(3) 使用线性搜索选项使计算稳定化。

(4) 设置合理的平衡迭代次数,一般为 25～50,本书取 30。

3.4.2.5　建模步骤

本书采用以下步骤建立 GDPS 套筒灌浆连接接头试件的有限元模型:

(1) 采用 AutoCAD 进行三维建模,建模时为便于后续生成接触单元,钢筋与灌浆料及灌浆料与套筒之间建立两个曲面。然后将三维实体模型导入 ANSYS。

(2) 选择所需要的各种单元类型,并设置各单元的关键选项等参数。

(3) 分别输入钢筋、水泥基灌浆料、钢套筒所需的材料模型。

(4) 分别选择与钢筋、灌浆料、钢套筒实体对应的单元类型和材料属性,对实体进行网格划分。

(5) 指定钢筋、灌浆料、钢套筒上的目标面或接触面,自动生成接触单元。一个接触对中的目标面和接触面必须有相同的实常数号。

(6) 检查接触单元外法向,确保接触面的外法向指向目标面,否则,程序认为存在过度的穿透而很难找到初始解。

(7) 施加必需的边界条件并定义求解选项和荷载步。

由于套筒凹槽及凸肋尺寸较小,为准确地模拟套筒与灌浆料的相互作用并促进模型收敛,单元网格划分尺寸取一个较小值(3 mm)。1/2 试件有限元模型如图 3-24、图 3-25 所示。

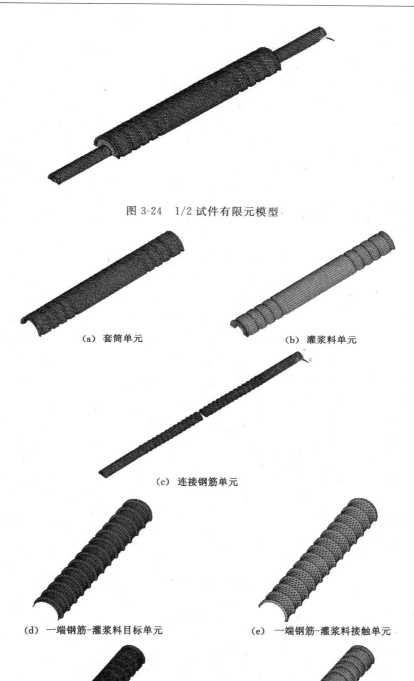

图 3-24　1/2 试件有限元模型

（a）套筒单元　　　　　　　　　　　（b）灌浆料单元

（c）连接钢筋单元

（d）一端钢筋-灌浆料目标单元　　　　　（e）一端钢筋-灌浆料接触单元

（f）套筒-灌浆料目标单元　　　　　　　（g）套筒-灌浆料接触单元

图 3-25　模型各分离体单元

3.4.3 有限元分析结果与试验结果对比

图 3-26 所示为试件 SM-SD-G2-D25-1 荷载-位移曲线试验结果与有限元分析结果对比，图中可见两者变化趋势基本吻合。由于钢筋本构关系中未考虑下降段，因此有限元分析结果曲线不含下降段，但连接接头的屈服荷载、极限荷载及刚度等主要特征可以通过数值模拟获得。

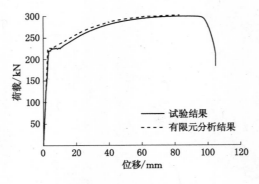

图 3-26　荷载-位移曲线

图 3-27 所示为试件破坏时的轴向应力云图，图中可见套筒的轴向应力分布规律与试验结果类似：套筒中部光滑段应力为拉应力，并从中间向两侧减小；套筒两端变形段主要为压应力，并且中部第 1、2 道肋间的压应力最大，向套筒端部逐渐减小。此外，分析发现由于套筒内壁与灌浆料的相互作用，在套筒凹槽处存在明显的应力集中现象。

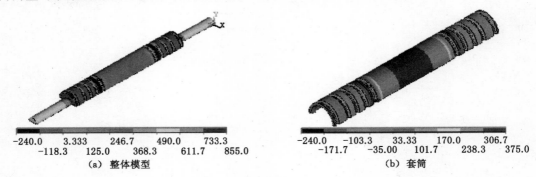

图 3-27　试件轴向应力分布

图 3-28 所示为试件破坏时连接钢筋的 Mises 应力，应力分布规律与光纤光栅测试结果一致，从套筒端部（钢筋加载端）向自由端逐渐减小，套筒端部的钢筋应力已接近钢筋的极限应力。图 3-29 所示为连接钢筋光栅 1～2、1～4 及 1～6 处的实测应变值与计算值的对比，两者吻合较好。

以上对比结果表明：该模型能够反映试件的受力特征，可用来研究接头的传力机理。GDPS 套筒特有的加工工艺及内腔结构造成其应变分布规律与 Einea 等、Ling 等的试验结果有显著差异，具有独特性。由于应变分布规律反映了套筒的约束机理，因此有必要对其进行深入研究。

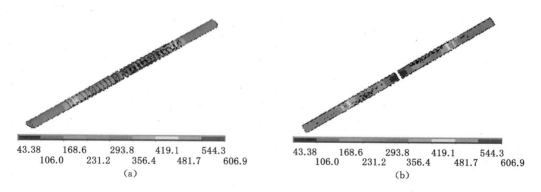

图 3-28　连接钢筋的 Mises 应力

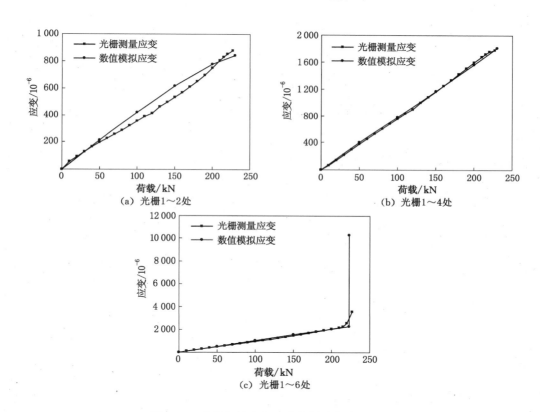

图 3-29　连接钢筋应变试验值与计算值对比

　　相比于其他套筒,GDPS 套筒的最大特点在于其端部通过冷滚压工艺成型的多道外壁环状凹槽和滚压过程中自动形成的内壁凸环肋。凸环肋在提高灌浆料与套筒的机械咬合、避免出现套筒-灌浆料黏结破坏的同时,其与灌浆料间的接触压力也造成环肋间的筒壁处于局部径向弯曲状态。图 3-30 所示为套筒变形段外表面轴向应力分布,图中凹槽间的筒壁应力呈非均匀分布,峰值位于环肋间筒壁中部偏内侧位置。图 3-31 所示为套筒中部第 1、2 道凹槽间的筒壁剖面应力分布图,可见筒壁外表面为压应力,内表面为拉应力,且拉应力数值大于压应力,合力为拉应力。

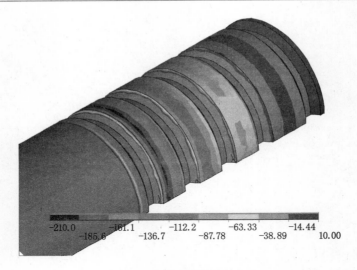

-210.0　　-161.1　　-112.2　　-63.33　　-14.44
　　-185.6　　-136.7　　-87.78　　-38.89　　10.00

图 3-30　套筒变形段轴向应力

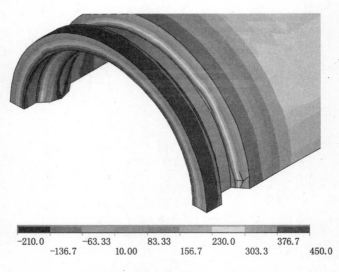

-210.0　　-63.33　　83.33　　230.0　　376.7
　　-136.7　　10.00　　156.7　　303.3　　450.0

图 3-31　截面上套筒轴向应力分布

　　试件破坏时,套筒内壁与灌浆料间的接触压力如图 3-32 所示,可见在凸环肋处存在明显的挤压力,其轴向分力可阻止灌浆料随钢筋产生滑移,而其径向分力则对灌浆料产生径向约束,这一约束在加载初期随着套筒与灌浆料间滑移的出现即产生,有效地限制了灌浆料的膨胀变形。

　　图 3-33 所示为套筒环肋中部节点与灌浆料间的接触压力变化规律。在加载初期,套筒端部第 1 道肋处(肋 5)的接触压力最大,然后逐肋向套筒中部减小。但随着荷载增大,套筒端部环肋处接触压力逐渐进入下降段(肋 4 和肋 5),而套筒中部环肋处的接触压力则持续增长(肋 1、肋 2 和肋 3),试件破坏时最大接触压力位于肋 1 处。这一结果与试验破坏现象吻合。试件破坏时,套筒端部的灌浆料已压碎,套筒端部第 1 道肋(肋 5)与灌浆料的咬合作用已大部分丧失。

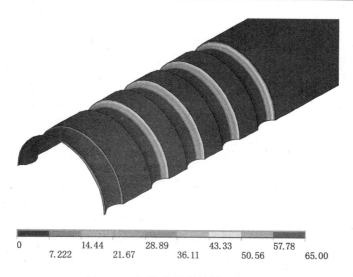

0		14.44		28.89		43.33		57.78	
	7.222		21.67		36.11		50.56		65.00

图 3-32　套筒-灌浆料接触压力分布

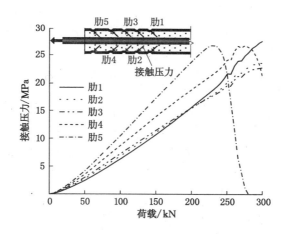

图 3-33　凸环肋处接触压力变化规律

同时,环肋处接触压力变化规律也表明:在加载前期,套筒端部环肋对灌浆料的止推作用明显,而随着荷载增大,靠近套筒中部的环肋作用逐渐凸显。因此,一定数量的内壁凸环肋对灌浆套筒而言是必需的。假如套筒端部仅有一道环肋,则套筒与灌浆料之间可能会在荷载较小时即产生较大的黏结滑移。这种滑移属于不可恢复变形,势必会影响接头的变形性能,造成接头难以满足单向拉伸荷载或反复拉压荷载作用下的残余变形要求。

3.5　套筒约束作用

钢筋套筒灌浆连接接头的破坏形式包括钢筋断裂破坏、套筒断裂破坏、钢筋-灌浆料黏结滑移破坏、套筒-灌浆料黏结滑移破坏,其中钢筋断裂破坏是接头理想的破坏形式。通过合理的套筒截面设计及内壁环肋布置可避免接头出现套筒断裂和套筒-灌浆料黏结破坏,因此,确定连接钢筋的黏结强度,避免出现钢筋黏结破坏,成为灌浆套筒设计的关键。本节将根据试验结果,对套筒的约束作用进行分析及对 GDPS 套筒灌浆连接中钢筋的黏结承载力计算公式进行推导。

3.5.1 钢筋黏结破坏时的约束应力

在拉力作用下,由于钢筋的"锥楔"作用,灌浆料产生径向位移,在套筒的约束下浆体硬化过程中产生的初始约束应力增大,环向预压应力 σ_{θ}^{R} 减小。随着荷载增加,σ_{θ}^{R} 逐渐转变为拉应力,当应力超过灌浆料的抗拉强度时,即在钢筋-灌浆料界面处出现劈裂裂缝。裂缝出现后,灌浆料开裂区域环向拉应力减小为 0,未开裂区域发生应力重分布,环向拉应力增大,裂缝向套筒-灌浆料界面延伸,灌浆料传力路径发生转变。当灌浆料完全劈裂后,钢筋-灌浆料界面压力 p_{b} 通过被裂缝分割的灌浆料小柱传递到套筒-灌浆料界面。

根据试验结果,套筒应变与套筒内腔结构对应,在套筒变形段和光滑段表现出不同的分布规律。因此,套筒变形段的约束机理及约束作用也不同于光滑段。

（1）套筒变形段约束应力

试验结果及数值模拟结果表明:套筒变形段环肋间筒壁轴向及环向应变均为压应变,这主要是变形段凸环肋与灌浆料的相互作用造成的,如图 3-34 所示。在凸环肋处,环肋与灌浆料之间挤压力的轴向分力阻止灌浆料跟随钢筋滑移,径向分力则约束灌浆料因钢筋"锥楔"作用而产生的膨胀变形。由试件剖开后的破坏状况可见,灌浆料在套筒变形段存在明显的劈裂膨胀,而套筒环肋间的环向应变却始终为压应变,这一结果表明:环肋处挤压力的径向分力对灌浆料的约束作用非常明显。因此,本书对套筒变形段的约束仅考虑凸环肋处的径向分力,忽略环肋间筒壁对灌浆料的径向约束。

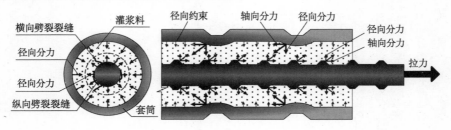

图 3-34　灌浆料与套筒变形段相互作用示意图

根据套筒内腔结构,套筒与灌浆料的黏结承载力可分为光滑段和变形段两部分,光滑段和变形段的黏结力 $P_{s,1}$ 和 $P_{s,2}$ 分别为:

$$P_{s,1} = \alpha \cdot P_{u} \tag{3-10}$$

$$P_{s,2} = (1 - \alpha) \cdot P_{u} \tag{3-11}$$

α 由试验结果确定（表 3-1）,试件破坏时,套筒变形段的黏结力 $P_{s,2}$ 主要为摩擦力 $P_{s,f}$ 和机械咬合力 $P_{s,zi}$,则:

$$P_{s,2} = P_{s,f} + \sum_{i=1}^{n} P_{s,zi} = \mu \cdot p_{s,2r} \cdot \pi \cdot (D_{s,in} - h_{r}) \cdot (L_{2} - L_{3}) + \sum_{i=1}^{n} k_{i} \cdot P_{s,ri} \tag{3-12}$$

$$\sum_{i=1}^{n} P_{s,ri} = \pi \cdot (D_{s,in} - h_{r}) \cdot (L_{2} - L_{3}) \cdot p_{s,2r} \tag{3-13}$$

式中,$P_{s,zi}$ 和 $P_{s,ri}$ 分别为套筒变形段凸环肋上挤压力的轴向分力和径向分力,kN。k_{i} 为两者的比值。由试件破坏后的剖切图可见，灌浆料与套筒之间黏结良好，未见灌浆料压碎现象。因此，假定钢筋拔出破坏时，套筒环肋周边灌浆料处于弹性状态，未出现受压破坏，则各环肋处的 k_i 相等，并可由环肋形状确定。$p_{s,2r}$ 为凸环肋处径向分力产生的平均约束应力，MPa。n 为套筒一端变形段的凸环肋的数量。h_r 为内壁凸环肋净高，mm。μ 为摩擦系数。

联立式（3-12）和式（3-13）可推出：

$$P_{s,2} = \pi \cdot (D_{s,in} - h_r) \cdot (L_2 - L_3) \cdot (\mu + k) \cdot p_{s,2r} \tag{3-14}$$

联立式（3-11）和式（3-14）可推出：

$$p_{s,2r} = \frac{(1 - \alpha) \cdot P_u}{\pi \cdot (D_{s,in} - h_r) \cdot (L_2 - L_3) \cdot (\mu + k)} \tag{3-15}$$

由试件破坏后的剖切图可见，试件破坏时纵向劈裂裂缝已延伸至变形段末端，因此钢筋-灌浆料界面压力 $p_{b,2r}$ 已全部传递到套筒-灌浆料界面，$p_{b,2r}$ 可按下式计算：

$$p_{b,2r} = p_{s,2r} \cdot \frac{D_{s,in} - h_r}{d_b} = \frac{(1 - \alpha) \cdot P_u}{\pi \cdot d_b \cdot (L_2 - L_3) \cdot (\mu + k)} \tag{3-16}$$

根据上述公式，黏结破坏试件 SM-SD-G2-D22-2 和 SM-SD-G2-D25-2 在套筒-灌浆料界面处的约束应力分别为 11.65 MPa 和 13.01 MPa，在钢筋-灌浆料界面处的约束应力分别为 20.38 MPa 和 23.14 MPa。

（2）套筒光滑段约束应力

对于套筒光滑段，套筒对灌浆料的约束应力可根据试验结果按式（3-17）计算：

$$p_{s,1r} = \frac{2E_{s\theta}}{1 - \nu_{s\theta} \cdot \nu_{sz}} (\varepsilon_{s\theta} + \nu_{sz} \cdot \varepsilon_{sz}) \frac{t_s}{D_{s,in}} \tag{3-17}$$

式中，$E_{s\theta}$ 为套筒环向弹性模量；$\nu_{s\theta}$ 为套筒环向泊松比；ν_{sz} 为套筒轴向泊松比；$\varepsilon_{s\theta}$ 为套筒环向应变；ε_{sz} 为套筒轴向应变。本书假定套筒为各向同性材料，则 $E_{s\theta} = 206\,000$ MPa，$\nu_{s\theta} = \nu_{sz} = 0.3$，$\varepsilon_{s\theta}$ 和 ε_{sz} 按实测值。计算结果如图 3-35 所示。套筒光滑段约束应力呈 M 形，中部约束应力最小，向两端逐渐增大，到达峰值后再逐渐减小。试件 SM-SD-G2-D25-2 光滑段平均约束应力为 4.23 MPa，试件 SM-SD-G2-D22-2 为 6.64 MPa。由于试件 SM-SD-G2-D22-2 在黏结破坏时，套筒中部已屈服，该点的约束应力计算值失真，计算平均值时未考虑该点，因此其实际平均约束应力应小于 6.64 MPa。

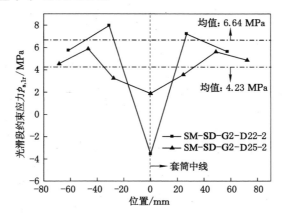

图 3-35　套筒光滑段约束应力

对比上述结果可见,套筒光滑段的约束应力小于变形段,试件 SM-SD-G2-D22-2 和 SM-SD-G2-D25-2 光滑段约束应力值分别为变形段的 57.0%(实际值更小)和 32.5%。这一结果表明:变形段灌浆料产生了更大的膨胀变形,与剖切后观察到的破坏状况一致。由于约束应力显著影响钢筋的黏结性能,可以推断钢筋在变形段的黏结应力也不同于光滑段。进而可推断,套筒变形段的长度即凸环肋的数量及间距对钢筋的黏结性能有重要影响。

3.5.2 钢筋套筒灌浆连接承载力计算

根据文献[1]、[8]和[16]的研究结果,钢筋与混凝土之间的黏结强度随着法向约束应力的增加而线性增长,见下式:

$$\tau = (1.49 + 0.45\sqrt{f_\mathrm{n}}) \cdot \sqrt{f_\mathrm{m}} \tag{3-18}$$

式中,τ 为黏结强度,MPa;f_n 为约束应力,MPa;f_m 为混凝土抗压强度,MPa。

根据试验结果,套筒变形段和光滑段的约束机理不同,因此将钢筋的黏结承载力分为套筒光滑段承载力 $P_{\mathrm{b},1}$ 和变形段承载力 $P_{\mathrm{b},2}$ 两部分,并假定黏结应力在两区段内均匀分布。则钢筋的黏结承载力可表示为:

$$P_{\mathrm{u,cal}} = P_{\mathrm{b},1} + P_{\mathrm{b},2} = \tau_{\mathrm{b},1} \cdot \pi d_\mathrm{b} \cdot (L_\mathrm{a} + L_3 - L_2) + \tau_{\mathrm{b},2} \cdot (L_2 - L_3) \tag{3-19}$$

式中,$\tau_{\mathrm{b},1}$ 和 $\tau_{\mathrm{b},2}$ 分别为套筒光滑段和变形段钢筋与灌浆料的平均黏结力,MPa;L_a 为连接钢筋锚固长度,mm;L_2 为套筒变形段长度,mm;L_3 为套筒端部橡胶塞厚度,mm。

将上一节得到的套筒约束应力代入式(3-18)可得套筒光滑段和变形段钢筋与灌浆料的平均黏结力 $\tau_{\mathrm{b},1}$ 和 $\tau_{\mathrm{b},2}$。

$$\tau_{\mathrm{b},1} = (1.49 + 0.45\sqrt{p_{\mathrm{s},1\mathrm{r}}}) \cdot \sqrt{f_\mathrm{g}} \tag{3-20}$$

$$\tau_{\mathrm{b},2} = (1.49 + 0.45\sqrt{p_{\mathrm{s},2\mathrm{r}}}) \cdot \sqrt{f_\mathrm{g}} \tag{3-21}$$

考虑到套筒光滑段的长度较短,光滑段约束应力取各测点的平均值。将试件参数代入以上各式可得试件的黏结承载力(表 3-2)。由于 SM-SD-G3-D25 系列试件缺少应变数据,因此套筒光滑段的约束应力参考尺寸相近的 SM-SD-G2-D25 系列试件。从表 3-2 中可以看出,由于大部分试件为钢筋断裂破坏,黏结承载力尚未达到峰值,因此预测值略大于实测值。但总体而言,公式预测结果仍较好,试验值与计算值的比值接近 1,表明将套筒的约束作用分为变形段和光滑段并在各段内均匀分布的假定是合理的。

表 3-2　黏结承载力试验与计算结果对比

试件名称	编号	$p_{\mathrm{s},1\mathrm{r}}$/MPa	$p_{\mathrm{s},2\mathrm{r}}$/MPa	P_u/kN	$P_{\mathrm{u,cal}}$/kN	$P_\mathrm{u}/P_{\mathrm{u,cal}}$
SM-SC-G2-D16	1	2.51	8.74	119.4	124.8	0.96
	2	2.39	8.97	119.2	126.6	0.94
	3	2.46	9.12	121.1	128.4	0.95
SM-SD-G2-D22	1	4.49	11.07	238.6	252.7	0.94
	2	6.64	11.65	248.3	261.2	0.95
	3	4.08	11.26	237.6	255.3	0.93

表 3-2(续)

试件名称	编号	$p_{s,1r}$/MPa	$p_{s,2r}$/MPa	P_u/kN	$P_{u,cal}$/kN	$P_u/P_{u,cal}$
SM-SD-G2-D25	1	3.34	12.33	299.0	317.7	0.94
	2	4.23	13.01	316.0	318.8	0.99
	3	3.49	12.58	300.8	315.1	0.95
SM-SD-G3-D25	1	4.23	13.20	320.5	333.0	0.96
	2	3.34	12.55	300.1	325.9	0.92

3.6　本章小结

本章在试验研究的基础上,对 GDPS 套筒灌浆连接的工作机理及套筒的约束作用进行了研究;基于接触理论,采用 ANSYS 有限元软件对接头试件进行了数值模拟;根据试验结果及有限元分析结果,提出了套筒的约束作用及连接钢筋的黏结强度计算方法。主要得出以下结论:

(1) 套筒的内腔结构影响套筒的约束机理及应变分布。对于 GDPS 套筒,套筒应变分布与其内腔结构对应,在光滑段和变形段表现出不同的规律。

(2) GDPS 套筒变形段对灌浆料的约束主要来自内壁环肋处相互挤压力的竖向分力,该约束类似于主动约束,在加载初期即随着套筒与灌浆料的相对滑移而出现。

(3) 套筒光滑段对灌浆料的约束则主要取决于灌浆料劈裂变形的大小,属于被动约束;光滑段灌浆料劈裂变形较小,因灌浆料膨胀产生的套筒环向应变小于套筒在拉力作用下因泊松效应而产生的环向压应变;光滑段约束应力呈 M 形,套筒中部约束应力最小,向光滑段两端逐渐增大,到达峰值后再逐渐减小。

(4) 基于 ANSYS 接触分析功能,采用接触单元可较好地模拟灌浆套筒连接接头的性能及套筒、灌浆料及连接钢筋间的相互作用。套筒变形段环肋处的接触压力使环肋间的筒壁处于局部径向弯曲状态,造成套筒外表面应变在拉力荷载作用下为压应变,内表面为拉应变,应变在套筒变形段沿径向和轴向均为不均匀分布。

(5) 在加载前期,套筒端部内壁凸环肋对灌浆料的止推作用明显,而随着荷载增大,靠近套筒中部的环肋作用逐渐凸显;一定数量的内壁凸环肋对灌浆套筒而言是必需的,可避免套筒与灌浆料过早出现较大的黏结滑移,造成钢筋连接接头无法满足规范规定的残余变形要求。

(6) 根据试验结果及有限元分析结果,提出了 GDPS 套筒灌浆连接接头的套筒约束应力及钢筋黏结承载力计算方法,计算值与试验值吻合良好。

3.7　参考文献

[1] UNTRAUER R E,HENRY R L. Influence of normal pressure on bond strength[J]. ACI journal proceedings,1965,62(5):577-586.

[2] ROBINS P J,STANDISH I G. Effect of lateral pressure on bond of reinforcing bars in

concrete[R/OL]. http://linkinghub. elsevier. com/retrieve/pii/0143749682901269.

[3] NAVARATNARAJAH V,SPEARE P R S. An experimental-study of the effects of lateral pressure on the transfer bond of reinforcing bars with variable cover[R]. Proceedings of the institution of civil engineers part 2-research and theory,1986.

[4] NAGATOMO K,KAKU T. Bond behaviour of deformed bars under lateral compressive and tensile stress[C]. Proc. Int. Conf. Bond in Concrete:from Research to Practice,CEB/RTU Riga Technical University,Riga,Latvia,1992.

[5] MOOSAVI M,JAFARI A,KHOSRAVI A. Bond of cement grouted reinforcing bars under constant radial pressure[J]. Cement and concrete composites,2005,27(1): 103-109.

[6] XU F,WU Z,ZHENG J,et al. Experimental study on the bond behavior of reinforcing bars embedded in concrete subjected to lateral pressure[J]. Journal of materials in civil engineering,2012,24(1):125-133.

[7] ENIEA A,YAMANE T,TADROS M K. Grout-filled pipe splices for precast concrete construction[J]. PCI journal,1995,40(1):82-93.

[8] LING J H,RAHMAN A B,IBRAHIM I S,et al. Behaviour of grouted pipe splice under incremental tensile load[J]. Construction and building materials,2012(33):90-98.

[9] 郝文化. ANSYS 土木工程应用实例[M]. 北京:中国水利水电出版社,2005.

[10] 祝效华,余志样. ANSYS 高级工程有限元分析范例精选[M]. 北京:电子工业出版社,2004.

[11] 赵海峰,蒋迪. ANSYS 工程结构实例分析[M]. 北京:中国铁道出版社,2004.

[12] BRESLER B,BERTERO V. Behavior of reinforced concrete under repeated load[J]. Journal of the structural division,1968,94(6):1567-1592.

[13] NILSON A H. Nonlinear analysis of reinforced concrete by the finite element method [C]//ACI journal proceedings,1968.

[14] HAMMATY Y,DE ROECK G,VANDEWALLE L. Finite element modeling reinforced concrete taking into consideration bond-slip[C]. ANSYS Conference Proceedings,1991.

[15] HAWILEH R A,RAHMAN A,TABATABAI H. Nonlinear finite element analysis and modeling of a precast hybrid beam-column connection subjected to cyclic loads [J]. Applied mathematical modelling, 2010,34(9):2562-2583.

[16] KIM H K. Bond strength of mortar-filled steel pipe splices reflecting confining effect [J]. Journal of Asian architecture and building engineering, 2012,11(1):125-132.

第4章　灌浆料物理力学性能及对套筒灌浆连接的影响分析

4.1　引言

灌浆材料是指依靠自身重力或借助外部灌注压力的作用,能够自动充填模内空间,并且不用振捣即能达到密实成型的材料,可分为两类:自密实高性能混凝土和砂浆。其中,自密实混凝土主要应用于振捣困难的工程施工中;砂浆主要应用于设备基础灌浆、修补砂浆、套筒灌浆及预应力孔道灌浆等。钢筋套筒灌浆连接中采用的砂浆是一种以水泥为基本材料,配以适当的细骨料,以及少量的外加剂和其他材料组成的干混料,加水搅拌后具有大流动度、早强、高强、微膨胀等性能,填充于套筒和带肋钢筋间隙内,形成钢筋灌浆连接接头,简称"套筒灌浆料"[1]。

灌浆料的性能是钢筋套筒灌浆连接方式的一个关键技术。钢筋套筒灌浆连接通过钢筋、灌浆料、钢套筒的相互黏结将荷载从一端钢筋传递到另一端钢筋。因此,要求灌浆料应具有高强、早强和微膨胀等基本特性,以使其能与套筒、被连接钢筋有效地结合在一起共同工作,同时满足装配式结构快速施工的要求[2]。

灌浆料的物理力学性能影响钢筋与灌浆料及套筒与灌浆料的黏结,进而影响套筒灌浆连接的可靠性,因此有必要对灌浆料的性能及对灌浆连接接头的影响进行研究。钢筋套筒灌浆连接的工作机理研究表明,灌浆料物理力学性能中影响连接可靠性的主要是强度和膨胀率。提高灌浆料强度可提高钢筋凸肋与灌浆料之间的机械咬合承载力,从而提高钢筋的黏结强度;灌浆料的膨胀率尤其是终凝后的膨胀率将影响套筒对灌浆料的初始约束,进而影响钢筋的黏结性能。为研究灌浆料对钢筋套筒灌浆连接结构性能的影响,笔者团队与江苏苏博特新材料股份有限公司(高性能土木工程材料国家重点实验室)合作对灌浆料的物理力学性能进行了研究。同时,设计了三种不同强度和膨胀率的灌浆料,通过对灌浆料硬化阶段套筒表面应变的监测及单向拉伸试验,对灌浆料的影响作用进行评估,并对灌浆料的设计研发提供建议。

4.2　灌浆料物理力学性能

4.2.1　国内研究现状

近年来,随着加固工程、高铁、隧道、矿山等特种工程的发展,国内学者开展了大量灌浆料性能的研究工作。

谷坤鹏等[3]研究了外加剂对后张预应力高性能灌浆料体积稳定性能的改善作用机理、水灰比的变化对灌浆料早期和中后期的体积变化率的影响、灌浆料体积变化率随龄期的变化关系等。结果表明：灌浆料的早期膨胀率随时间延长而缓慢逐渐增大，3 h 膨胀率在 0.10％左右，1 h 膨胀率小于 3 h 膨胀率的一半，确保了有效膨胀；中后期膨胀组分通过固相膨胀改善灌浆料的体积稳定性，1～3 d 膨胀率下降较快，3 d 后体积膨胀率基本稳定在 0.06％左右。

俞锋等[4]针对目前市场上水泥基灌浆材料品种多、各种灌浆材料性能参差不齐的状况，从灌浆料流动度、膨胀性、强度等方面着手对影响水泥基灌浆料性能的各项因素进行了研究。结果表明：膨胀剂的加入能促使早强微膨胀水泥基灌浆料在水化过程中生成具有微膨胀效应的水化硫铝酸钙（又称钙矾石）或氢氧化钙，在约束条件下产生有制约的膨胀，建立 0.2～0.7 MPa 的预压应力补偿。

汪刘顺等[5]采用三种水胶比，即 $W/B＝0.28、0.29、0.30$，研究了高性能水泥基灌浆料的流动性、竖向膨胀率和基本力学性能。结果表明：水胶比对灌浆料的流动度、早期竖向膨胀率、强度均有较大影响。当 $W/B＝0.30$ 时，灌浆料出现了泌水现象，保水性较差。

高安庆等[6]研究了矿物掺合料、硬骨料、高效减水剂等对超高强接头灌浆料各项性能的作用和影响，采用复合膨胀剂提高了该接头灌浆料的早期膨胀性能。通过试验得到了一种抗压强度可达 110 MPa 以上，具有较高流动度和理想膨胀率的钢筋连接用套筒灌浆料。

吴元等[7]通过 201 个立方体试件及 89 个棱柱体试件的力学性能试验，对加固工程用灌浆料的力学性能指标进行了研究，分析了加水量、豆石含量对水泥基灌浆料力学性能的影响。结果表明：灌浆料的立方体抗压强度、轴心抗压强度、劈裂抗拉强度及弹性模量基本随豆石含量的增大而增大，随加水量的增大而减小；抗压强度高的水泥基灌浆料的各力学指标大于抗压强度低的水泥基灌浆料的各力学指标；水泥基灌浆料的劈裂抗拉强度高于普通混凝土的劈裂抗拉强度。

汪秀石等[8]对钢筋连接用套筒灌浆料的性能进行了试验研究。结果表明：随着水胶比增加，流动度逐渐增大，但当 W/B 大于或等于 0.31 时，出现泌水现象。同时，随着水胶比的增大，强度明显降低；减水剂可有效改善流动度，但当掺量过多时，减水效率降低，并会对强度有一定的影响；膨胀率随膨胀剂掺量增加呈现增长趋势，但当掺量小于 8％时，膨胀效果较差，掺量大于 12％时，流动度和强度不同程度降低。

4.2.2 国家标准规定的灌浆料强度指标

《钢筋连接用套筒灌浆料》（JG/T 408—2013）[1]对灌浆料的抗压强度做了规定，见表 4-1。由表中数据可见，相比于设备基础、结构加固及预应力孔道灌浆等工程中应用的普通水泥基灌浆料（表 4-2），套筒灌浆料有更高的强度要求，原因主要有：① 为满足装配式结构快速施工的要求，尽早拆除预制构件的临时支撑及进行上部结构构件的吊装施工，要求套筒灌浆料具有较高的早期强度（1 d 和 3 d 强度）；② 为减小钢筋锚固长度，进而减小套筒长度，节约钢材，同时确保连接的可靠性，套筒灌浆料需具有较高且稳定的 28 d 抗压强度。

表 4-1　套筒灌浆料强度要求[1]

检测项目	性能指标	
抗压强度/MPa 试块:40 mm×40 mm×160 mm	1 d	≥35
	3 d	≥60
	28 d	≥85

表 4-2　普通水泥基灌浆材料强度要求[9]

检测项目	性能指标	
抗压强度/MPa 试块:40 mm×40 mm×160 mm	1 d	≥20
	3 d	≥40
	28 d	≥60

4.2.3　灌浆料物理力学性能试验研究

（1）试验概况

为细致研究灌浆料的物理力学性能,设计制作了 129 个不同类别、尺寸的灌浆料试块,在江苏苏博特新材料股份有限公司高性能土木工程材料国家重点实验室对灌浆料的流动度、体积稳定性、抗压强度、抗折强度、劈裂强度、弹性模量及尺寸效应等进行了试验研究。

试验研究共采用了 8 种灌浆料,G1～G6 为从市场上购买的不同的灌浆料,其中 G1、G2 及 G4～G6 为钢筋连接用套筒灌浆料,G3 为设备基础、结构加固及预应力孔道灌浆等工程中应用的普通水泥基灌浆料。G4 和 G5 的干混料配比相同,但加水量不同,水料比分别为 0.12 和 0.13。通过筛分分析,G2 和 G6 配比基本相同,但 G2 主要采用金刚砂作为细骨料,G6 主要采用河砂作为细骨料。GD 和 GE 为江苏苏博特新材料股份有限公司针对 GDPS 套筒灌浆料连接方法设计的不同配比的灌浆料,主要性能差异在于强度和体积稳定性。

G1～G6 用来对灌浆料性能进行初步研究,采用 40 mm×40 mm×160 mm 的试块按《水泥胶砂强度检验方法（ISO 法）》（GB/T 17671—1999）[10]对其进行抗折、抗压强度试验。在此基础上,采用灌浆料 G6、GD 和 GE 制作不同尺寸的灌浆料试块,按《水泥胶砂强度检验方法（ISO 法）》（GB/T 17671—1999）及《普通混凝土力学性能试验方法标准》（GB/T 50081—2002）[11]对灌浆料强度尺寸效应进行试验研究。

图 4-1 所示为流动度测试,图 4-2 所示为 40 mm×40 mm×160 mm 灌浆料试块抗折强度试验装置,图 4-3 所示为 40 mm×40 mm×160 mm 灌浆料试块在抗折强度测试完成后进行抗压强度试验装置,图 4-4 所示为边长 70.7 mm 和 100 mm 的立方体试块抗压强度试验装置,图 4-5 所示为边长 100 mm 的立方体试块劈裂强度试验装置,图 4-6 所示为采用千分表形变方法测量 100 mm×100 mm×300 mm 试块弹性模量试验装置。表 4-3 为主要试验结果。

图 4-1 流动度测试

图 4-2 抗折强度试验装置

图 4-3 抗折强度测试完成后
进行抗压强度试验装置

图 4-4 抗压强度试验装置

图 4-5 劈裂强度试验装置

图 4-6　弹性模量试验装置

表 4-3　灌浆料力学性能试验结果(表中数值为三个试块的平均值)

编号	灌浆料类别	水料比	试块尺寸/mm	龄期/d	抗折强度/MPa	抗压强度/MPa	劈裂强度/MPa	弹性模量/MPa
1	G1	0.12	40×40×160	1	9.3	54.0		
2	G1	0.12	40×40×160	3	14.1	86.1		
3	G1	0.12	40×40×160	28	16.2	108.5		
4	G2	0.12	40×40×160	1	7.3	38.5		
5	G2	0.12	40×40×160	3	12.1	91.0		
6	G2	0.12	40×40×160	28	13.3	118.3		
7	G3	0.13	40×40×160	1	5.3	25.0		
8	G3	0.13	40×40×160	3	9.5	70.0		
9	G3	0.13	40×40×160	28	10.4	93.5		
10	G4	0.12	40×40×160	1	7.5	37.6		
11	G4	0.12	40×40×160	3	11.7	74.0		
12	G4	0.12	40×40×160	28	12.2	106.4		
13	G5	0.13	40×40×160	1	7.0	33.4		
14	G5	0.13	40×40×160	3	10.2	71.0		
15	G5	0.13	40×40×160	28	11.0	99.2		
16	G6	0.12	40×40×160	1	4.9	18.6		
17	G6	0.12	40×40×160	3	14.5	74.0		
18	G6	0.12	40×40×160	28	15.1	95.9		
19	G6	0.12	70.7×70.7×70.7	1		21.8		
20	G6	0.12	70.7×70.7×70.7	3		71.8		
21	G6	0.12	70.7×70.7×70.7	28		93.2		
22	G6	0.12	100×100×100	28		102.7		

表 4-3(续)

编号	灌浆料类别	水料比	试块尺寸/mm	龄期/d	抗折强度/MPa	抗压强度/MPa	劈裂强度/MPa	弹性模量/MPa
23	GD	0.13	40×40×160	1	7.0	48.5		
24	GD	0.13	40×40×160	3	12.9	78.2		
25	GD	0.13	40×40×160	28	13.3	100.7		
26	GD	0.13	70.7×70.7×70.7	1		55.9		
27	GD	0.13	70.7×70.7×70.7	3		74.0		
28	GD	0.13	70.7×70.7×70.7	28		91.9		
29	GD	0.13	100×100×100	1		63.4		
30	GD	0.13	100×100×100	3		87.6		
31	GD	0.13	100×100×100	28		107.8		
32	GD	0.13	100×100×100	1			2.63	
33	GD	0.13	100×100×100	3			3.17	
34	GE	0.13	70.7×70.7×70.7	1		45		
35	GE	0.13	70.7×70.7×70.7	3		68.2		
38	GE	0.13	100×100×100	1		48.9		
39	GE	0.13	100×100×100	3		68.7		
40	GE	0.13	100×100×100	1			2.95	
41	GE	0.13	100×100×100	3			3.92	
42	GE	0.13	100×100×300	1		50.5		28 006
43	GE	0.13	100×100×300	3		64.0		30 897

(2) 主要试验结果

由表 4-3 中的数据可见,普通水泥基灌浆料 G3 的 3 d 及 28 d 抗压强度满足套筒灌浆料标准要求,但 1 d 抗压强度不满足要求;灌浆料 G4 和 G5 的干混料配比相同,由于 G4 的加水量较小,因此强度略高于 G5(G5 的 1 d 抗压强度不满足规范要求的 35 MPa),但其流动度低于 G5,30 min 流动度为 210 mm,不满足 JG/T 408—2013 规定的"≥260 mm"的要求;由于灌浆料 G2 主要采用金刚砂作为细骨料,G6 主要采用河砂作为细骨料,造成 G6 的抗压强度小于 G2,尤其是 1 d 抗压强度降低更多,不满足国家标准 1 d 强度要求。

综上所述,1 d 抗压强度是套筒灌浆料设计中的难点之一,降低水胶比可提高灌浆料的强度,但单纯地降低用水量会造成灌浆料的工作性(流变性)变差,应选择合理的流动度、黏度调控技术;采用金刚砂作为细骨料可显著提高灌浆料的抗压强度,但会造成灌浆料的成本显著增加。

(3) 灌浆料强度与龄期的关系

图 4-7 所示为不同配比的灌浆料强度随龄期的变化曲线,试块尺寸为 40 mm×40 mm×160 mm。图 4-7(a)所示为抗压强度的变化规律,在养护前 3 天,灌浆料强度迅速增长,3 d 抗压强度平均较 1 d 提高了 125.1%。随后的灌浆料强度增速减缓,28 d 抗压强度平均较 3 d 仅提高了 33.4%。灌浆料抗折强度随龄期的变化规律与抗压强度类似,并且 3 d 后的抗折强度增幅更小。3 d 时的抗折强度平均值即已达到 28 d 抗折强度平均值的 92%。

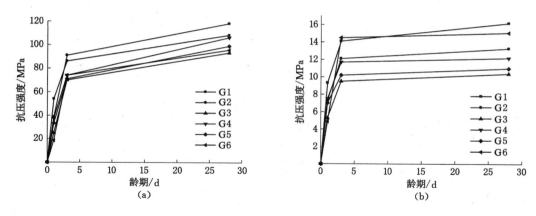

图 4-7　灌浆料强度随龄期的变化曲线

图 4-8 所示为根据灌浆料 G1～G6 强度平均值拟合得到的回归曲线,可见强度变化随龄期增长呈明显的指数变化,并且强度增长主要在养护前 7 天,随后增长很缓慢。若不考虑灌浆料后期(养护 28 d 后)的强度增长,则灌浆料的早期强度可按下式计算:

$$f_{gc} = f_{gc,28} - f_{gc,28} \times 0.644^T \tag{4-1}$$

$$f_{gf} = f_{gf,28} - f_{gf,28} \times 0.465^T \tag{4-2}$$

式中,f_{gc} 和 f_{gf} 分别为灌浆料的抗压强度和抗折强度;$f_{gc,28}$ 和 $f_{gf,28}$ 分别为灌浆料 28 d 抗压强度和抗折强度;T 为灌浆料的龄期。

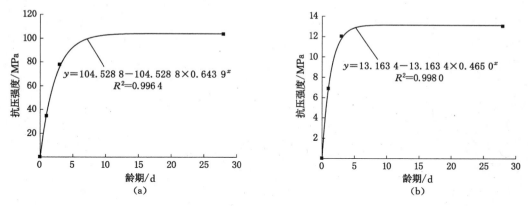

图 4-8　灌浆料强度随龄期的变化拟合曲线

(4)灌浆料抗折强度与抗压强度的关系

尽管国家标准 JG/T 408—2013 未对灌浆料的抗折强度做出规定,但由于抗折强度在一定程度上反映了材料的韧性性能,并且国内外关于灌浆料抗折强度的研究很少,因此本节通过不同配比的灌浆料试验结果,对抗折强度与抗压强度的关系进行了研究。

表 4-3 的试验结果表明:灌浆料抗折强度随抗压强度的增大而增大。图 4-9 所示为通过回归分析得到的抗折强度与抗压强度关系曲线,回归分析中舍弃了灌浆料 G1 和 G6 的 3 d、28 d 强度值。由图 4-9 可见,灌浆料的抗折强度近似与抗压强度的平方根呈正比关系,可按下式对其进行预测:

$$f_{\mathrm{gf}} = 1.221\sqrt{f_{\mathrm{gc}}} \tag{4-3}$$

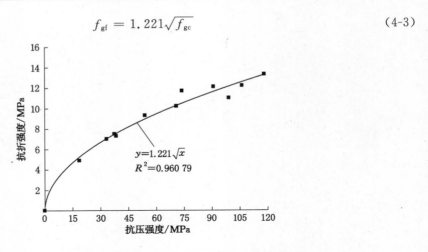

图 4-9　灌浆料抗折强度与抗压强度关系拟合曲线

（5）灌浆料尺寸效应

尺寸效应是指材料的力学性能不再是一个常数，而是随着结构几何尺寸的变化而变化[12]。对混凝土材料而言，其作为一种非匀质和不等向性材料，在制作过程中即在内部存在少量分散的微裂缝。混凝土受力后，这些初始微裂缝逐渐增多和展开，出现越来越多的微裂纹，并最终发展成宏观裂缝而导致混凝土破坏。这种断裂能随试件尺寸的增大而增大、强度随尺寸的增大而减小的现象，即为混凝土的尺寸效应。国内外众多学者对于混凝土材料的尺寸效应进行了研究，并推出了多个理论模型[13-15]，而关于套筒灌浆料尺寸效应的文献记载却很少。本节将通过不同配比的灌浆料对其尺寸效应进行研究。

图 4-10 所示为不同尺寸的灌浆料试块抗压强度对比结果。由图 4-10 可见，不同于混凝土材料及吴元等[7]对加固工程用灌浆料的试验结果，本书灌浆料的尺寸效应不明显，抗压强度随试块尺寸的增大没有明显降低，部分试验结果反而略有升高。其主要原因在于：灌浆料尽管也是由骨料和浆体组成的复合材料，但其与混凝土的最大区别在于没有粗骨料，而仅以砂子作为细骨料[图 4-11(a)]。吴元等[7]采用的灌浆料之所以存在明显的尺寸效应，是由于其灌浆料仍采用了较多的豆石作为粗骨料，如图 4-11(b)所示。

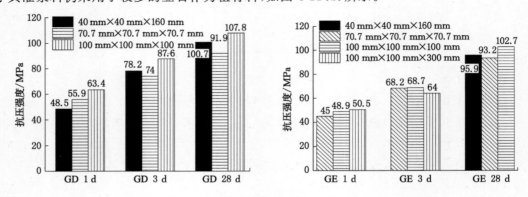

图 4-10　灌浆料抗压强度尺寸效应

（a）本书采用的灌浆料　　　　（b）吴元等[7]采用的豆石灌浆料

图 4-11　灌浆料对比

混凝土或豆石灌浆料在凝固过程中,粗骨料及水泥砂浆的收缩差和不均匀温湿度场在骨料周围产生一个微观应力场。由于水泥砂浆和粗骨料表面的黏结强度仅为该砂浆抗拉强度的 $35\% \sim 65\%$ [16-17],而粗骨料本身的抗拉强度远超水泥砂浆的抗拉强度,故当混凝土内微观拉应力较大时,首先在粗骨料的界面出现微裂缝。试验观测证明[18],混凝土在受力前的初始微裂缝都出现在较大粗骨料的界面。而由于灌浆料没有粗骨料,通过合理地控制灌浆料的流动度和黏度并充分搅拌后,可保证各种材料在水泥浆体中较为均匀地分布,其初始微观缺陷远少于混凝土材料,更接近于匀质材料,因而尺寸效应不明显。

4.3　灌浆料膨胀率

为研究灌浆料膨胀率对钢筋套筒灌浆连接接头结构性能的影响,本节将对不同类别的灌浆料在标准养护室自然养护条件下及水养条件下的早期及中后期的自由膨胀率进行试验研究。

4.3.1　国家标准规定的灌浆料膨胀率指标

相比于混凝土材料,灌浆料由于没有粗骨料,其在塑性阶段和硬化阶段将产生更大的收缩变形。为避免灌浆后在界面上出现脱粘问题及在灌浆料内部出现收缩裂缝,国家标准 JG/T 408—2013 要求灌浆料具有微膨胀性,具体性能指标见表 4-4。表 4-5 为国家规范 GB/T 50448—2015 中对设备基础、结构加固及预应力孔道灌浆等工程中应用的普通水泥基灌浆料的膨胀率要求。对比表 4-4 和表 4-5 可见,套筒灌浆料 3 h 膨胀率要求低于普通水泥基灌浆料,24 h 与 3 h 的膨胀率差值要求相同。

表 4-4　套筒灌浆料膨胀率要求[1]

检测项目	性能指标	
竖向自由膨胀率/%	3 h	≥0.02
	24 h 与 3 h 差值	0.02～0.5

表 4-5 普通水泥基灌浆材料膨胀率要求[9]

检测项目	性能指标	
竖向自由膨胀率/%	3 h	0.1~3.5
	24 h 与 3 h 差值	0.02~0.5

4.3.2 灌浆料体积稳定性试验研究

灌浆料的变形可分为两个阶段:塑性阶段和硬化阶段。国家标准仅规定了灌浆料早期膨胀率要求,对终凝后硬化阶段长期的体积稳定性未做规定。同时,由于灌浆料在实际工程中位于套筒内部,而套筒又密封于预制构件混凝土内,灌浆料水泥水化后的多余水分无法排出,故尽管水分无法从外部得以补充,灌浆料仍处于高保湿环境,介于自然养护和水养护环境之间。因此,本节将对灌浆料在两个特殊环境(标准养护室自然养护和水养护)下的早期膨胀率及中后期体积稳定性进行研究。

灌浆料早期膨胀率测试采用 GB/T 50448—2015 及 ASTM C940—1998a[19](美国材料与试验协会)中推荐的非接触式测量法,通过激光发射接收系统及数据采集系统对灌浆料的早期膨胀率进行测试,采用边长 100 mm 的立方体混凝土试模,测量装置如图 4-12 所示;灌浆料的长期体积稳定性测试采用投影万能测长仪测量,测试装置如图 4-13 所示。

图 4-12 灌浆料终凝前膨胀率测试

图 4-13 灌浆料长期膨胀率测试

(1) 早期膨胀率

凝结前由于不受约束,灌浆料的收缩会在钢筋与套筒之间形成空隙,削弱钢筋-灌浆料及灌浆料-套筒间的黏结性能。另外,硅酸盐水泥浆体完全水化后体积减缩量非常大,导致硬化后的灌浆料内部产生较大的收缩应力,一旦应力大于抗拉强度,则会产生收缩裂缝,如果此化学收缩只依靠硬化后的膨胀组分的膨胀作用来补偿,势必导致中后期膨胀组分的使用量加大,一方面增大了成本,另外还可能由于膨胀应力过大而造成结构损伤[3],对套筒灌浆连接接头的结构性能不利。因此,套筒灌浆连接要求灌浆料具有良好的塑性阶段体积膨胀性能。

图 4-14 所示为灌浆料密封条件下的早期膨胀率变化曲线,该阶段为灌浆料的塑性阶段。从图中可以看出,除灌浆料 G1 外,其余灌浆料 3 h 膨胀率均大于 0.02%,GD、G3、GC

和 G4 下降段较平缓,G2 下降段较陡。

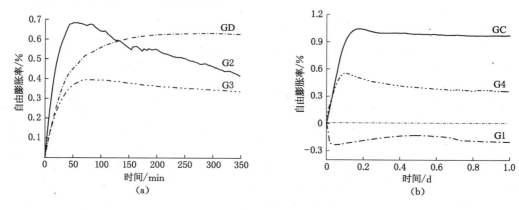

图 4-14　灌浆料早期膨胀率变化

（2）中后期体积稳定性

灌浆料凝结后,为避免其自收缩产生拉应力造成开裂及与套筒及钢筋间的剥离,需在外加剂中引入中后期膨胀组分,该组分与水泥水化产物发生反应,产生一定的体积膨胀,在套筒的限制下,于灌浆料内部产生一定的压应力,抵消收缩引起的拉应力,并可在钢筋、灌浆料、套筒界面处建立适当的初始接触压力,使灌浆料处于预压状态。

图 4-15 和图 4-16 所示为灌浆料分别在密封条件和水养条件下的膨胀率随龄期的变化曲线。G2 为从市场上购置的钢筋连接用套筒灌浆料,GA、GB、GC、GD 为江苏苏博特新材料股份有限公司设计的灌浆料。在密封条件下,灌浆料中后期（硬化阶段）变形为收缩变形。由于灌浆料的后期收缩容易引起灌浆料的开裂,进而影响接头的结构性能,因此灌浆料后期的收缩越小,性能越好。在水养条件下,灌浆料的变形为膨胀变形。在密封和水养条件下,灌浆料的膨胀和收缩变形均趋于稳定。

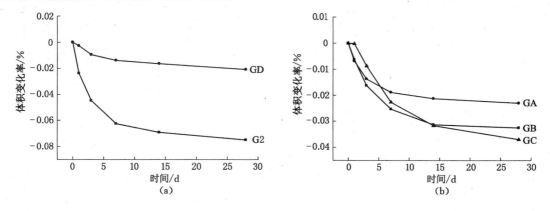

图 4-15　灌浆料在密封条件下 1 d 后膨胀率变化

需要指出的是,灌浆料 GB 和 GC 的配比相近,但 GC 的水灰比更大,其在密封条件及水养条件下的变形均大于灌浆料 GB,主要由于随着水灰比的增大,水泥水化速度加快造成的[16]。

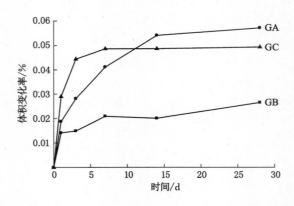

图 4-16 灌浆料在水养条件下 1 d 后膨胀率变化

4.4 灌浆料硬化阶段初始约束及对接头性能的影响

如前所述,套筒灌浆料灌浆后的变形分为两个阶段:塑性阶段和硬化阶段。灌浆料在两个阶段的体积变形测试结果表明:在自然养护条件下,灌浆料在塑性阶段膨胀,在硬化阶段收缩;在水养条件下,灌浆料始终为膨胀变形。由于灌浆料在套筒中的环境为高保湿环境,更接近于水养条件,因此推断灌浆料养护阶段将产生较大的膨胀变形,后面的试验研究将证明本推断的合理性。

在塑性阶段,由于灌浆料基本不具有机械强度,此时的膨胀变形不会在套筒及灌浆料内产生初始应力。但在硬化阶段,随着龄期的增长,灌浆料强度和弹性模量逐渐提高,灌浆料的膨胀变形由于受到套筒的限制将在灌浆料内产生预压应力,在套筒内产生预拉应力,在钢筋和灌浆料及灌浆料和套筒之间产生界面压力,界面压力越大则摩擦力越大,黏结强度越高。当拉力作用于钢筋连接接头时,钢筋的"锥楔"作用将使灌浆料产生径向位移,浆体硬化过程中产生的界面压力增大,浆体内部的初始环向预压应力减小,并随着荷载增加,逐渐转变为拉应力。当拉应力超过灌浆料的抗拉强度时,即在钢筋-灌浆料界面处出现劈裂裂缝,灌浆料硬化阶段产生的预压应力有助于延缓灌浆料的劈裂。由此可见,套筒对灌浆料硬化阶段的初始约束对钢筋套筒灌浆连接接头在荷载作用下的结构性能有重要影响。

然而,关于灌浆料硬化阶段体积稳定性对钢筋套筒灌浆连接性能的影响,国内外均未见相关的文献记载。因此,本节将通过对钢筋套筒在灌浆料硬化阶段的应变监测,结合厚壁圆筒理论对灌浆料的材料特性进行研究,并通过最终的拉伸试验对灌浆料体积稳定性的影响进行评估。

4.4.1 理论基础

若假定灌浆料在硬化膨胀过程中处于弹性状态,由于钢筋套筒灌浆连接在灌浆料硬化阶段仅受到灌浆料膨胀变形产生的径向作用,并且轴向尺寸远大于径向尺寸,轴向差异对计算结果的影响较小,可简化为平面应变问题,众多学者通过理论及试验对该简化的可行性进行了验证。同时,灌浆套筒连接在灌浆料硬化阶段属于轴对称问题,剪应力为 0。根据厚壁圆筒模型[20](图 4-17),筒壁任一点的径向应力 σ_r 和环向应力 σ_θ 为:

$$\sigma_r = \frac{p_i \cdot a^2 - p_o \cdot b^2}{b^2 - a^2} - \frac{a^2 \cdot b^2 (p_i - p_o)}{b^2 - a^2} \cdot \frac{1}{r^2} \tag{4-4}$$

$$\sigma_\theta = \frac{p_i \cdot a^2 - p_o \cdot b^2}{b^2 - a^2} + \frac{a^2 \cdot b^2 (p_i - p_o)}{b^2 - a^2} \cdot \frac{1}{r^2} \tag{4-5}$$

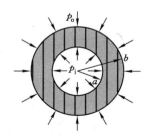

图 4-17　厚壁圆筒模型

灌浆套筒连接接头的受力模型如图 4-18 所示。对于灌浆套筒,在 $r=r_s$ 处的径向应力 $\sigma^s_{r,r=r_s}$、环向应力 $\sigma^s_{\theta,r=r_s}$ 及径向位移 $u^s_{r,r=r_s}$ 分别为:

$$\sigma^s_{r,r=r_s} = \frac{p_s \cdot r_s^2}{R_s^2 - r_s^2} \cdot (1 - \frac{R_s^2}{r_s^2})$$

$$\sigma^s_{\theta,r=r_s} = \frac{p_s \cdot r_s^2}{R_s^2 - r_s^2} \cdot (1 + \frac{R_s^2}{r_s^2})$$

$$u^s_{r,r=r_s} = r_s \cdot \varepsilon_{\theta,r=r_s} = \frac{r_s}{E_{s,p}} (\sigma^s_{\theta,r=r_s} - \mu_{s,p} \cdot \sigma^s_{r,r=r_s})$$

$$= \frac{r_s^3 \cdot p_s}{E_{s,p} \cdot (R_s^2 - r_s^2)} \cdot \left[(1+\mu_{s,p}) \cdot \frac{R_s^2}{r_s^2} + (1-\mu_{s,p}) \right] \tag{4-6}$$

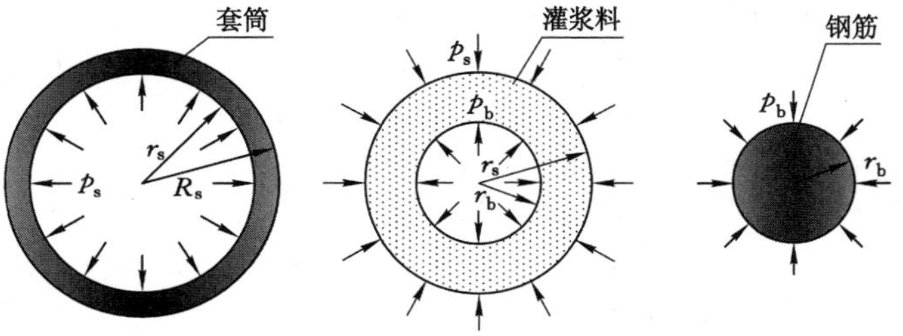

图 4-18　钢筋套筒灌浆连接受力模型

在 $r=R_s$ 处的径向应力 $\sigma^s_{r,r=R_s}$、环向应力 $\sigma^s_{\theta,r=R_s}$ 及套筒环向应变 $\varepsilon^s_{\theta,r=R_s}$ 分别为:

$$\sigma^s_{r,r=R_s} = 0$$

$$\sigma^s_{\theta,r=R_s} = \frac{2p_s \cdot r_s^2}{R_s^2 - r_s^2}$$

$$\varepsilon^s_{\theta,r=R_s} = \frac{1}{E_{s,p}} (\sigma^s_{\theta,r=R_s} - \mu_{s,p} \cdot \sigma^s_{r,r=R_s}) = \frac{2p_s \cdot r_s^2 \cdot (1-\mu_s^2)}{E_s \cdot (R_s^2 - r_s^2)} \tag{4-7}$$

对于连接钢筋,在 $r=r_b$ 处的径向应力 $\sigma^b_{r,r=r_b}$、环向应力 $\sigma^b_{\theta,r=r_b}$ 及径向位移 $u^b_{r,r=r_b}$ 分别为:

$$\sigma^b_{r,r=r_b} = \sigma^b_{\theta,r=r_b} = -p_b$$

$$u^b_{r,r=r_b} = r_b \cdot \varepsilon_{\theta,r=r_b} = \frac{r_b}{E_{b,p}} \cdot (1-\mu_{b,p}) \cdot p_b \tag{4-8}$$

对于灌浆料,考虑浆体在硬化过程中的膨胀变形[20],在 $r=r_b$ 处的径向应力 $\sigma_{r,r=r_b}^g$ 及径向位移 $u_{r,r=r_b}^g$ 分别为:

$$\sigma_{r,r=r_b}^g = -\frac{E_{g,p}}{2} \cdot (1+\mu_g) \cdot \varepsilon^E + 2B + \frac{A}{r_b^2} = -p_b$$

$$u_{r,r=r_b}^g = \frac{1}{E_{g,p}}\left[-\frac{1+\mu_{g,p}}{r_b} \cdot A + 2(1-\mu_{g,p}) \cdot r_b \cdot B\right] + \frac{1+\mu_{g,p}}{2} \cdot r_b \cdot (1+\mu_g) \cdot \varepsilon^E \quad (4\text{-}9)$$

在 $r=r_s$ 处的径向应力 $\sigma_{r,r=r_s}^g$ 及径向位移 $u_{r,r=r_s}^g$ 分别为:

$$\sigma_{r,r=r_s}^g = -\frac{E_{g,p}}{2} \cdot (1+\mu_g) \cdot \varepsilon^E + 2B + \frac{A}{r_s^2} = -p_s$$

$$u_{r,r=r_s}^g = \frac{1}{E_{g,p}}\left[-\frac{1+\mu_{g,p}}{r_s} \cdot A + 2(1-\mu_{g,p}) \cdot r_s \cdot B\right] + \frac{1+\mu_{g,p}}{2} \cdot r_s \cdot (1+\mu_g) \cdot \varepsilon^E \quad (4\text{-}10)$$

以上各式中,A、B 为待定常数,角标 b 表示钢筋,g 表示灌浆料,s 表示套筒,$E_{s,p}$ 为套筒平面应变换算弹性模量,MPa;$E_{b,p}$ 为钢筋平面应变换算弹性模量,MPa;μ_s 为套筒泊松比;$\mu_{s,p}$ 和 $\mu_{b,p}$ 分别为套筒和钢筋的平面应变换算泊松比;μ_g 为灌浆料泊松比;$\mu_{g,p}$ 为灌浆料平面应变换算泊松比;$E_{g,p}$ 为灌浆料平面应变换算弹性模量,MPa。

在钢筋与灌浆料及灌浆料与套筒接触面上有边界条件:接触面上的径向位移相等,即:

$$u_{r,r=r_s}^s = u_{r,r=r_s}^g, \quad u_{r,r=r_b}^b = u_{r,r=r_b}^g \quad (4\text{-}11)$$

联立式(4-6)及式(4-8)~式(4-11)可得钢筋与灌浆料及灌浆料与套筒接触面上的界面压力 p_b 和 p_s:

$$p_s = K \cdot p_b + M \quad (4\text{-}12)$$

$$p_b = \left[r_s \cdot (1+\mu_g) \cdot \varepsilon^E - N \cdot M\right]\bigg/\left[K \cdot N - \frac{2r_s \cdot r_b^2}{E_{g,p} \cdot (r_s^2 - r_b^2)}\right] \quad (4\text{-}13)$$

式中

$$K = \frac{r_s^2 + r_b^2 + \mu_{g,p} \cdot (r_s^2 - r_b^2)}{2r_s^2} + \frac{E_{g,p} \cdot (1-\mu_{b,p}) \cdot (r_s^2 - r_b^2)}{2r_s^2 \cdot E_{b,p}} \quad (4\text{-}14)$$

$$M = \frac{E_{g,p} \cdot \varepsilon^E \cdot (r_s^2 - r_b^2) \cdot (1+\mu_g)}{2r_s^2} \quad (4\text{-}15)$$

$$N = \frac{r_s \cdot (R_s^2 + r_s^2)}{E_{s,p} \cdot (R_s^2 - r_s^2)} + \frac{r_s \cdot \mu_{s,p}}{E_{s,p}} + \frac{r_s \cdot (r_s^2 + r_b^2)}{E_{g,p} \cdot (r_s^2 - r_b^2)} - \frac{r_s \cdot \mu_{g,p}}{E_{g,p}} \quad (4\text{-}16)$$

从式(4-12)~式(4-16)可知,界面处的约束应力与套筒、灌浆料、钢筋的力学特性及钢筋、套筒尺寸有关,当以上指标确定后,K、M、N 为常数,界面压力与灌浆料的自由膨胀率呈正比例线性关系。

联立式(4-7)和式(4-12)、式(4-13)可建立套筒环向应变与灌浆料材料特性间的平衡方程(4-17)。通常情况下,该方程有三个未知变量,分别为套筒外表面环向应变 $\varepsilon_{\theta,r=R_s}^s$,灌浆料弹性模量 E_g,灌浆料膨胀系数 ε^E,其中环向应变 $\varepsilon_{\theta,r=R_s}^s$ 可通过试验方法测得。因此,通过三个采用同一类灌浆料但不同尺寸的接头试件的试验结果,可推出灌浆料的名义弹性模量和名义膨胀系数。

$$\varepsilon_{\theta,r=R_s}^s = \frac{2\left\{K \cdot \left[r_s \cdot (1+\mu_g) \cdot \varepsilon^E - N \cdot M\right]\bigg/\left[K \cdot N - \frac{2r_s \cdot r_b^2}{E_{g,p} \cdot (r_s^2 - r_b^2)}\right] + M\right\} \cdot r_s^2 \cdot (1-\mu_s^2)}{E_s \cdot (R_s^2 - r_s^2)}$$

$$(4\text{-}17)$$

4.4.2　试验概况

（1）试件参数及材料特性

为消除套筒内腔结构对钢筋套筒灌浆连接性能的影响，重点考虑灌浆料材料特性的影响，设计制作了 12 个光圆钢套筒钢筋连接试件。套筒采用 Q345B 无缝钢管制作，不进行滚压加工，无缝钢管材料特性见表 4-6。试件采用了三类灌浆料：GA、GB 和 GC。灌浆料配比见表 4-7，材料性能见表 4-8，灌浆料在密封及水养条件下的膨胀率变化如图 4-15（b）和图 4-16 所示。连接钢筋采用 HRB400 级钢筋，材料特性见表 4-9。试件尺寸及构造如图 4-19所示，参数见表 4-10。

表 4-6　套筒加工用无缝钢管材料性能

外径×壁厚/mm×mm	屈服强度标准值/MPa	屈服应力 f_{sy}/MPa	极限应力 f_{su}/MPa	弹性模量 E_s/MPa
42×3.5	345	355	505	$2.06×10^5$
45×4.0	345	360	510	$2.06×10^5$

表 4-7　灌浆料配比（每 1 000 kg）

材料名称	GA	GB	GC
水泥/kg	258.3	263.3	203.8
河砂/kg	500	500	500
水/kg	130	130	190
矿渣/kg	100	100	100
高效减水剂/kg	1.5	1.5	1
消泡剂/kg	0.2	0.2	0.2
膨胀剂/kg	10	5	5

表 4-8　灌浆料材料性能

类别	水料比	抗压强度/MPa		抗折强度/MPa		流动度/mm	
		7 d	28 d	7 d	28 d	初始	30 min
GA	0.13	69.0	85.3	11.5	13.4	310	300
GB	0.13	81.4	91.8	11.9	14.6	305	290
GC	0.19	51.7	67.5	8.2	9.4	385	350

表 4-9　连接钢筋材料性能

公称直径/mm	屈服应力 f_{by}/MPa	极限应力 f_{bu}/MPa	伸长率/%	弹性模量 E_b/MPa
16	445	596	22.7	$2.0×10^5$
18	449	605	22.1	$2.0×10^5$

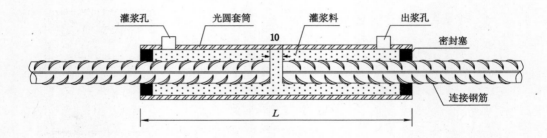

图 4-19　试件尺寸及构造(mm)

表 4-10　试件参数

试件名称	钢管规格	L/mm	钢筋直径 d_b/mm	锚固长度/mm	灌浆料类别
S045-GA-5d-d18	φ45×4.0				GA
S042-GA-5d-d18	φ42×3.5				GA
S045-GB-5d-d18	φ45×4.0				GB
S042-GB-5d-d18	φ42×3.5	215	18		GB
S045-GC-5d-d18	φ45×4.0				GC
S042-GC-5d-d18	φ42×3.5			$5d_b$	GC
S045-GB-5d-d16	φ45×4.0				GB
S042-GB-5d-d16	φ42×3.5				GB
S045-GC-5d-d16	φ45×4.0				GC
S042-GC-5d-d16	φ42×3.5	195	16		GC
S045-GA-5d-d16	φ45×4.0				GA
S042-GA-5d-d16	φ42×3.5				GA

(2) 试验步骤及试验装置

试验分两个阶段:① 灌浆料硬化阶段的套筒外表面应变监测;② 接头抗拉强度试验。第一个阶段,首先在套筒外表面粘贴环向应变片,粘贴位置如图 4-20 所示。然后在试件灌浆后将其密封于沙箱内,并连接应变采集仪,连续采集灌浆料硬化阶段的套筒应变,如图 4-21 所示。第二个阶段,在试件养护 28 d 后,在 MTS 疲劳机上进行单向拉伸试验,测量钢筋连接接头的抗拉强度,加载速率为 2 MPa/s,试验装置如图 4-22 所示。

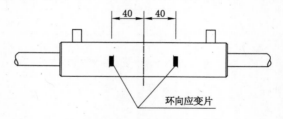

图 4-20　硬化阶段套筒表面应变片粘贴位置(mm)

图 4-21　灌浆料硬化阶段套筒外表面应变监测

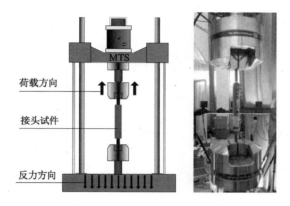

图 4-22　加载装置

4.4.3　试验结果分析

图 4-23 所示为套筒表面环向应变随时间的变化曲线,由图中可见 A 类灌浆料接头试件套筒表面的环向应变最大,B 类和 C 类灌浆料接头试件依次减小。套筒应变不断增长的结果表明:灌浆料一直处于膨胀状态,在前 3 天膨胀变形非常明显,套筒应变增加迅速,而在 7 d 以后膨胀变形逐渐趋于稳定,应变值变化幅度很小。

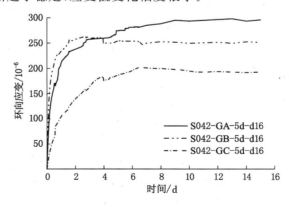

图 4-23　套筒表面环向应变随时间的变化曲线

根据式(4-17)及不同规格试件的套筒表面应变测量结果,可推出 GA、GB 及 GC 三类灌浆料的名义弹性模量及体积变形系数,见表 4-11。

表 4-11　灌浆料弹性模量和体积变形系数计算值

灌浆料类别	泊松比	名义弹性模量/GPa	名义体积变形系数/%
GA	0.2	41.0	0.073 1
GB	0.2	42.3	0.061 1
GC	0.2	34.5	0.046 9

计算过程中的材料力学特性取值如下:套筒弹性模量 $E_s = 206$ GPa,钢筋弹性模量 $E_b = 200$ GPa,套筒和钢筋的泊松比 $\mu_s = \mu_b = 0.3$。由表 4-11 中的数据可见,名义体积变形系数及名义弹性模量值均不同于实测值。造成这一结果的主要原因为:材料特性试验所采用的试件尺寸及材料受力状态均与套筒灌浆连接中的灌浆料实际受力状况有较大差异,不能代表灌浆料的实际受力状态。因此,后续灌浆料物理力学性能对灌浆连接接头的影响分析中将采用灌浆料的名义体积变形系数及弹性模量。

套筒应变采集完成后,将试件置于疲劳机上进行拉伸试验,所有试件均为套筒-灌浆料黏结破坏,试件破坏时灌浆料表面形成光滑滑移面,如图 4-24 所示。

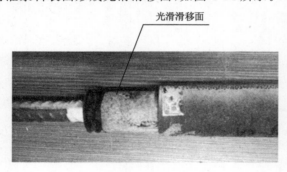

图 4-24　破坏形态

图 4-25 所示为典型荷载-位移曲线,曲线大致可分为三个部分:初始段为线性上升段,接头的刚度较大,滑移较小,变形主要为钢筋的弹性伸长;第二部分仍为上升段,曲线呈"锯齿"形上升,整体斜率远大于初始段,接头开始出现较大滑移;第三段为拔出段,连接钢筋连带灌浆料被迅速拔出。

4.4.4　灌浆料物理力学性能对接头性能的影响及套筒初始约束

根据厚壁圆筒模型,套筒沿壁厚最大环形应力为 $\sigma_{\theta,r=r_s}^s = \dfrac{p_s \cdot r_s^2}{R_s^2 - r_s^2} \cdot \left(1 + \dfrac{R_s^2}{r_s^2}\right)$,即套筒内壁上应力最大。由于 p_s 与灌浆料膨胀率呈正比关系,因此套筒最大环向应力也与膨胀率呈正比关系。为避免钢管在灌浆料硬化阶段环向屈服,$\sigma_{\theta,r=r_s}^s$ 不宜大于套筒屈服强度标准值 f_{syk},据此可确定灌浆料的最大膨胀率 ε_{max}^E。但由于灌浆料的膨胀变形主要集中在早期塑性膨胀阶段,后期膨胀率较小,因此 ε_{max}^E 一般不起控制作用,本书计算得到的灌浆料最大膨胀

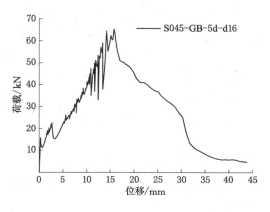

图 4-25　荷载-位移曲线

率在 0.3％左右。同时，为避免灌浆料后期收缩造成套筒对灌浆料的初始约束压力减小甚至造成灌浆料与套筒剥离，灌浆料后期稳定体积变形率与灌浆料终凝后的变形率差值不宜小于 0。

　　套筒灌浆连接接头初始界面压力及接头承载力见表 4-12。由表中数据可见，套筒与灌浆料之间的接触压力大于钢筋与灌浆料之间的接触压力，若不考虑两个接触面上摩擦系数的差异，灌浆料与套筒间的摩擦面积远大于与钢筋的摩擦面积，灌浆料与套筒之间的摩擦力 $P_s = \mu \cdot \pi D_{s,in} \cdot p_s \cdot l_b$ 远大于与钢筋之间的摩擦力 $P_b = \mu \cdot \pi d_b \cdot p_b \cdot l_b$。式中，$\mu$ 为摩擦系数；$D_{s,in}$ 为套筒内径；l_b 为连接钢筋锚固长度。但由于钢筋的黏结承载力主要为钢筋与灌浆料间的机械咬合力，因此尽管套筒-灌浆料间的摩擦力更大，但接头仍发生灌浆料拔出破坏。

表 4-12　界面初始接触压力及摩擦力

试件名称	ε_{max}^E /％	p_b /MPa	p_s /MPa	$\mu^{[14]}$	$P_{s,exp}$ /kN	$P_{s,cal}$ /kN	$R_r = P_{s,cal}/P_{s,exp}$
S045-GA-5d-d18	0.304	2.24	16.03	0.539	87.3	90.4	1.035
S042-GA-5d-d18	0.307	1.31	14.81	0.539	73.8	79.0	1.070
S045-GB-5d-d18	0.301	1.58	13.51	0.539	79.5	76.2	0.958
S042-GB-5d-d18	0.304	0.80	12.47	0.539	65.7	66.5	1.012
S045-GC-5d-d18	0.323	2.59	9.66	0.539	58.6	54.5	0.930
S042-GC-5d-d18	0.325	2.01	8.96	0.539	49.7	47.8	0.962
S045-GB-5d-d16	0.283	1.68	14.36	0.539	66.9	72.0	1.076
S042-GB-5d-d16	0.283	0.86	13.40	0.539	61.4	63.5	1.035
S045-GC-5d-d16	0.305	2.75	10.24	0.539	53.1	51.3	0.967
S042-GC-5d-d16	0.304	2.15	9.59	0.539	48.1	45.5	0.945
S045-GA-5d-d16	0.286	2.38	17.03	0.539	86.1	85.4	0.991
S042-GA-5d-d16	0.286	1.40	15.90	0.539	80.5	75.4	0.936

　　除灌浆料类别外其余参数均相同的试件相互对比发现，A 类灌浆料试件承载力最高，B

类灌浆料试件承载力最低。这一结果表明:由于光圆套筒连接接头的承载力主要为摩擦力,而不是机械咬合力,受灌浆料强度的影响不大,而主要受灌浆料膨胀率影响。膨胀率越大,界面接触压力越大,套筒与灌浆料间的摩擦力也越大,接头承载力越高。

根据本书的试验结果,采用线性回归方法可确定摩擦系数 μ_s,如图 4-26 所示。

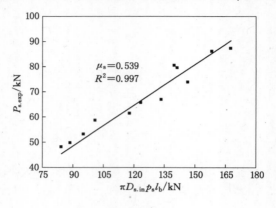

图 4-26　摩擦系数 μ_s

表 4-12 中列出了试件的界面接触压力摩擦系数及接头承载力,可见承载力计算值与试验值吻合较好。

表 4-12 中的界面接触压力计算结果表明:随着不同试件之间套筒规格、钢筋直径的变化,即使采用同一种灌浆料,其在套筒-灌浆料-钢筋界面上的接触压力仍有较大差异。原因是套筒规格及连接钢筋直径的变化造成套筒径厚比及灌浆料浆体厚度的变化,而这两个参数是影响套筒约束性能的关键因素,如图 4-27 所示。

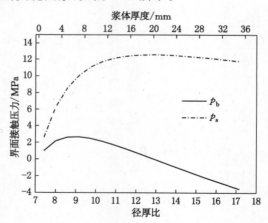

图 4-27　界面接触压力随套筒径厚比及灌浆料厚度的变化曲线

图 4-27 所示为 B 类灌浆料接头试件的界面接触压力计算结果,随着套筒径厚比及灌浆料浆体厚度的增大,套筒-灌浆料-钢筋界面上的接触压力先增大然后减小。套筒径厚比为 9.1 左右时,钢筋-灌浆料界面接触压力 p_b 达到峰值,此时对应的灌浆料浆体厚度在 7 mm 左右。当套筒径厚比达到 12.9 时,套筒-灌浆料界面接触压力 p_s 达到峰值,此时对应的灌浆料浆体厚度在 20 mm 左右。

图 4-28 所示为 B 类灌浆料接头试件钢筋-灌浆料界面上的接触压力 p_b 随径厚比的变化曲线(浆体厚度不变),随着径厚比的减小,套筒的约束刚度增大,对灌浆料的约束作用增强,接触压力 p_b 增大。同时,随着浆体厚度的增加,接触压力 p_b 也随之增大,但增幅随着浆体厚度的增大逐渐减小。另外需要注意的是,径厚比在 13 左右时,不管灌浆料浆体厚度的大小如何,接触压力 p_b 均为 0。当径厚比继续增大时,可能造成钢筋与灌浆料发生剥离。这一结果表明:套筒需具备一定的径向刚度,从而避免接头在养护阶段即出现钢筋-灌浆料界面裂缝,削弱钢筋的黏结性能。

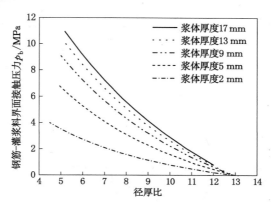

图 4-28　钢筋-灌浆料界面接触压力随套筒径厚比的变化曲线

图 4-29 所示为 B 类灌浆料接头试件套筒-灌浆料界面上的接触压力 p_s 随径厚比的变化曲线,与接触压力 p_b 的变化规律类似,随着径厚比的减小及灌浆料浆体厚度的增加,接触压力 p_s 逐渐增大,但增幅随着浆体厚度的增大逐渐减小。

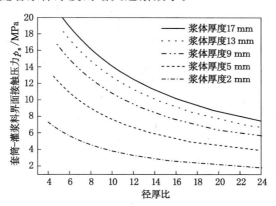

图 4-29　套筒-灌浆料界面接触压力随套筒径厚比的变化曲线

图 4-30 所示为 B 类灌浆料试件钢筋-灌浆料界面上的接触压力 p_b 随灌浆料浆体厚度的变化曲线,随着浆体厚度的增加,接触压力增大。但是套筒径厚比越小,接触压力受灌浆料浆体厚度的影响越大,随浆体厚度增加的增幅越大。

图 4-31 所示为套筒-灌浆料界面上的接触压力 p_s 随灌浆料浆体厚度的变化曲线,p_s 与 p_b 变化规律类似,均随浆体厚度的增加而增大。

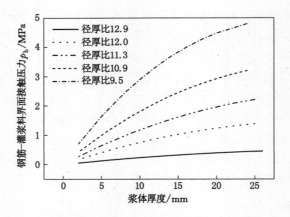

图 4-30　钢筋-灌浆料界面接触压力随灌浆料浆体厚度的变化曲线

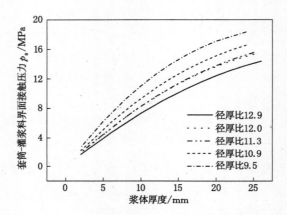

图 4-31　套筒-灌浆料界面接触压力随灌浆料浆体厚度的变化曲线

4.5　本章小结

本章对灌浆料的物理力学性能、光圆套筒连接接头养护阶段的套筒应变变化及接头的承载力进行了试验研究，并基于厚壁圆筒模型对接头的性能影响因素进行了分析。主要得出以下结论：

（1）套筒灌浆料强度在养护前 3 天增长迅速，7 d 后强度增加缓慢，随龄期的增加，灌浆料强度近似呈指数增长。灌浆料的抗折强度随抗压强度的增大而增大，并与灌浆料抗压强度的平方根近似成正比。基于试验数据，给出了灌浆料龄期强度及抗折强度的预测公式，但由于试验试件数量有限，上述公式还有待扩充更多的试验数据进行修正。

（2）由于灌浆料没有粗骨料，通过合理地控制灌浆料的流动度和黏度并充分搅拌后，灌浆料较接近于匀质材料，尺寸效应不明显。

（3）套筒灌浆料在自然密封条件下的中后期变形为收缩变形，在水养条件下为膨胀变形。水灰比的增加，会造成灌浆料产生更大的收缩或膨胀变形。

（4）根据光圆套筒灌浆连接接头养护阶段套筒表面应变测试结果，采用厚壁圆筒模型对灌浆料的名义弹性模量、名义体积变形系数及不同材料接触面上的接触压力进行了推导，并通过单向拉伸试验对理论计算结果进行了验证，吻合良好。

（5）由于填充灌浆料的膨胀性，在套筒灌浆连接接头养护阶段，套筒环向产生拉应变，套筒-灌浆料-钢筋界面上产生接触压力。灌浆料的膨胀率越大，界面接触压力越大，光圆套筒灌浆连接接头承载力越高。

（6）灌浆料膨胀率越大，套筒表面环向拉应力越大，为避免灌浆料养护阶段套筒环向屈服，灌浆料最大膨胀率不应超过 0.3%；为避免灌浆料后期收缩造成套筒对灌浆料的初始约束减小，甚至造成灌浆料与套筒剥离，灌浆料后期稳定体积变形率与灌浆料终凝后的变形率差值不宜小于 0。

（7）套筒对灌浆料的约束作用，除受灌浆料膨胀率影响外，主要受套筒径厚比和浆体厚度影响。套筒径厚比越小，灌浆料浆体厚度越大，套筒-灌浆料界面上的约束接触压力越大，对接头受力越有利。根据本书试验采用的材料力学性能，套筒径厚比最大值为 13。

4.6　参考文献

［1］中华人民共和国住房和城乡建设部.钢筋连接用套筒灌浆料:JG/T 408—2013［S］.北京:中国标准出版社,2013.

［2］中华人民共和国住房和城乡建设部.装配式混凝土结构技术规程:JGJ 1—2014［S］.北京:中国建筑工业出版社,2014.

［3］谷坤鹏,李漠.后张预应力高性能灌浆料体积稳定性的研究［J］.混凝土,2007(10):30-33.

［4］俞锋,朱华.早强微膨胀水泥基灌浆料的性能研究［J］.混凝土与水泥制品,2012(11):6-9.

［5］汪刘顺,汪秀石.高性能水泥基灌浆料性能试验研究［J］.低温建筑技术,2012(8):9-10.

［6］高安庆,朱清华,化子龙.超高强钢筋接头灌浆料的试验研究［J］.混凝土与水泥制品,2013(1):16-19.

［7］吴元,王凯,杨晓婧,等.水泥基灌浆料基本力学性能试验研究［J］.建筑结构,2014,44(19):95-98,6.

［8］汪秀石,杨智良,吴照学.装配式结构用高强套筒灌浆料性能试验研究［J］.混凝土与水泥制品,2015(2):65-68.

［9］中华人民共和国住房和城乡建设部.水泥基灌浆材料应用技术规范:GB/T 50448—2015［S］.北京:中国建筑工业出版社,2015.

［10］国家质量技术监督局.水泥胶砂强度检验方法(ISO 法):GB/T 17671—1999［S］.北京:中国标准出版社,1999.

［11］中华人民共和国住房和城乡建设部,国家质量监督检验检疫总局.普通混凝土力学性能试验方法标准:GB/T 50081—2002［S］.北京:中国建筑工业出版社,2003.

［12］PLANAS J,GUINEA G V,ELICES M. Generalized size effect equation for quasi-brittle materials［J］. Fatigue and fracture of engineering materials and structures,1997,20(5):671-687.

[13] CARPINTERI A. Scaling laws and renormalization groups for strength and toughness of disordered materials[J]. International journal of solids and structures,1994, 31(3):291-302.

[14] BAANT Z P. Size effect in blunt fracture:concrete,rock,metal[J]. Journal of engineering mechanics,1984,110(4):518-535.

[15] KIM J K,YI S T,PARK C K,et al. Size effect on compressive strength of plain and spirally reinforced concrete cylinders[J]. ACI structural journal,1999,96(1):88-94.

[16] NEVILLE A M. 混凝土的性能[M]. 李国泮,马贞勇,译. 北京:中国建筑工业出版社,1983.

[17] R. 雷尔密特. 混凝土工艺问题[M]. 于宏,译. 北京:中国工业出版社,1964.

[18] BUYUKOZTURK O,NILSON A H,SLATE F O. Stress-strain response and fracture of a concrete model in biaxial loading[C]. ACI journal proceedings,1972,68(8): 590-599.

[19] American Society for Testing Material(ATEM). Standard test method for expansion and bleeding of freshly mixed grouts for preplaced-aggregate concrete in the laboratory:ASTM C940—1998a[S/OL]. http://www. freestd. us/soft4/2190519. htm.

[20] 徐芝纶. 弹性力学[M]. 5 版. 北京:高等教育出版社,2016.

第 5 章　GDPS 套筒灌浆连接参数化试验研究

5.1　引言

国内外灌浆套筒的价格较高,近年来随着预制装配结构的发展,众多学者进行了新型灌浆套筒的研发工作。美国学者 Einea 等[1]1995 年采用普通光圆钢管设计了四类不同构造的灌浆套筒,对其钢筋连接接头进行了单向拉伸试验,并考虑套筒的约束作用对钢筋黏结强度公式进行了推导;但由于试验精度等原因,计算值与试验值偏差较大。韩国学者 Lee 和 Kim[2-3]2007、2008 年采用两端带缩口的光圆套筒制作了不同的钢筋套筒灌浆连接试件,通过单向拉伸试验及反复拉压试验对接头的结构性能进行了研究。马来西亚学者 Ling 等[4-5]2012、2014 年采用不同材料及不同加工工艺先后制作了多个不同构造的灌浆套筒,并进行了可行性试验研究。埃及学者 Henin 和美国学者 Morcous[6]2014 年制作了一种新型灌浆套筒,套筒内表面设有采用车床加工的螺纹来提高套筒和灌浆料间的黏结强度,通过单向拉伸试验对该套筒接头的可行性进行了验证。

以上学者对钢筋套筒灌浆连接的研究主要集中在新型套筒的可行性及结构性能方面,而对套筒灌浆连接影响参数的研究很少。GDPS 灌浆套筒的工作机理研究表明:套筒内腔结构(包括内壁环肋数量、环肋高度、环肋间距)、钢管规格、填充灌浆料的物理力学特性及钢筋锚固长度对钢筋连接的结构性能有重要影响。为此,本书设计了 91 个 GDPS 套筒灌浆连接接头试件及 4 个光圆套筒灌浆连接接头试件,并进行了单向拉伸试验。通过对比不同参数试件的强度和变形,对钢筋套筒灌浆连接接头的结构性能进行参数化分析。

5.2　试验介绍

本节主要介绍了 GDPS 套筒灌浆连接参数化试验的基本情况,包括试验的设计、基本组成材料的力学特性、试件的制作过程、试验测量内容及加载制度。

5.2.1　试件设计

采用灌浆套筒、高强水泥基灌浆料及 HRB400 钢筋制作了 91 组 GDPS 套筒灌浆连接接头试件及 4 组光圆套筒连接接头试件。试件参数包括套筒尺寸、环肋数量、环肋内壁凸起高度、环肋间距、钢筋直径及锚固长度、灌浆料强度及膨胀率。以试件 G345-a20-h2-GB-5d-d18 为例,试件名称中的字母含义表示如下:第一组为套筒类别,分别为 S、G 及 G* 三类套筒,其中 G 和 G* 类套筒为 GDPS 套筒,S 为光圆套筒,第一个数字为环肋数量(0、1、2、3、

4),后面的数字表示套筒外径(38、42、45);第二组表示环肋间距,符号"a"含义见图5-1,取值包括0、20、25、30、35;第三组表示环肋内壁凸起高度 h_r (图5-1),取值包括0.5、1.0、1.5、2.0;第四组表示灌浆料类别,分为 A、B、C 三类,带"*"表示灌浆料龄期为7 d;第五组表示钢筋锚固长度,d 为钢筋公称直径;第六组表示连接钢筋直径。

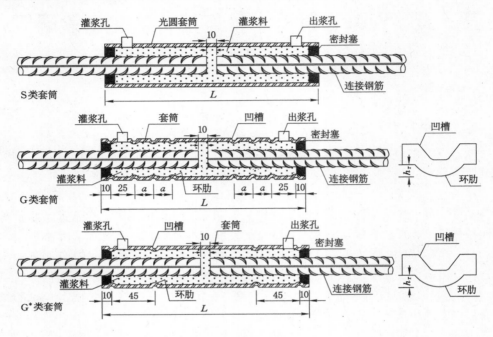

图5-1　试件尺寸(mm)

试件加工制作如图5-2所示。试件加工前采用丙酮将钢筋表面及套筒内表面油污清除干净,灌浆前先将连接钢筋插入套筒,并将套筒、连接钢筋固定在木枋上,然后采用手工灌浆枪从套筒下部灌浆孔灌浆,灌浆料从上部出浆孔流出时即为灌满。浇筑灌浆料后,将试件及灌浆料试块放在实验室养护28 d。

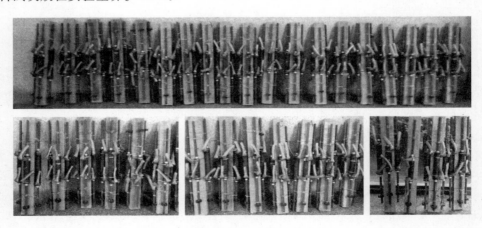

图5-2　试件加工制作

5.2.2　材料性能

套筒加工用无缝钢管及连接钢筋的材料性能见表 5-1 和表 5-2。灌浆料根据与接头试件同时浇筑、同条件养护的试块(40 mm×40 mm×160 mm)测定的强度见表 5-3。图 5-3 所示为灌浆料在室内密封条件和水养条件下的体积变形曲线。

表 5-1　无缝钢管材料性能

外径×壁厚 $D_{s,out}(mm)×t_s(mm)$	牌号	弹性模量 E_s/MPa	屈服应力 f_{sy}/MPa	极限应力 f_{su}/MPa	伸长率 /%
38×3.0	Q345B	$2.06×10^5$	360	495	20.5
42×3.5	Q345B	$2.06×10^5$	356	505	21.5
45×4.0	Q345B	$2.06×10^5$	352	510	21.5

表 5-2　连接钢筋材料性能

直径/mm	牌号	屈服应力 f_{by}/MPa	极限应力 f_{bu}/MPa	伸长率/%	弹性模 E_b/MPa
16	HRB400	445	596	25.3	$2.0×10^5$
18	HRB400	425	567	22.7	$2.0×10^5$
20	HRB400	451	610	22.1	$2.0×10^5$

表 5-3　灌浆料材料性能

类别	水料比	抗压强度/MPa		抗折强度/MPa		流动度/mm	
		7 d	28 d	7 d	28 d	初始	30 min
A 类	0.13	69.0	85.3	11.5	13.4	310	300
B 类	0.13	81.4	91.8	11.9	14.6	305	290
C 类	0.19	51.7	67.5	8.2	9.4	385	350

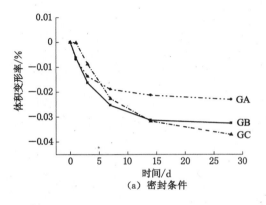
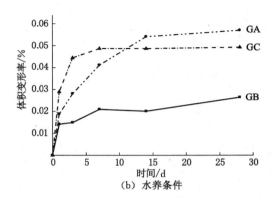

(a) 密封条件　　　　　(b) 水养条件

图 5-3　灌浆料随龄期的体积变形曲线

5.2.3 加载装置及量测内容

试件在 MTS 疲劳机上进行加载,试验机最大量程为 300 kN,加载装置如图 5-4 所示,加载速率为 2 MPa/s。加载前,在试件套筒光滑段外表面粘贴了电阻应变片,测量试件在加载过程中的应变变化,粘贴位置如图 5-5 所示。

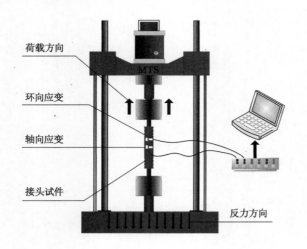

图 5-4 加载装置

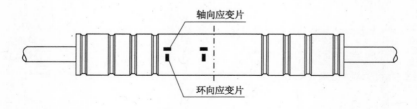

图 5-5 应变片位置

5.3 主要试验结果

5.3.1 破坏模式

本书接头试件共出现了三种破坏形式:套筒-灌浆料黏结破坏、钢筋-灌浆料黏结破坏和钢筋断裂破坏,如图 5-6 所示。套筒-灌浆料黏结破坏仅出现在光圆套筒灌浆连接试件,套筒和灌浆料间形成光滑滑移面,承载力较低。GDPS 套筒灌浆连接试件出现了钢筋拔出破坏和钢筋断裂破坏两种模式。

图 5-6(b)所示为每端仅 1 道肋的 GDPS 套筒灌浆连接试件的钢筋拔出破坏形态,钢筋被拔出的同时,灌浆料跟随钢筋出现了明显滑移,滑移距离约为 10 mm,试验过程中由于滑移过大,灌/出浆管处灌浆料被剪断。图 5-6(c)所示为每端 3 道肋的 GDPS 套筒连接试件出

现的钢筋拔出破坏形态,尽管同样是钢筋被拔出,但灌浆料与套筒间仍黏结良好。与钢筋断裂破坏[图 5-6(d)]类似,仅第 1 道肋(套筒端部)外侧的灌浆料呈锥形剥落。

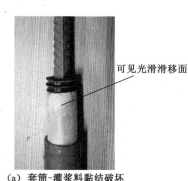

（a）套筒-灌浆料黏结破坏

（b）钢筋拔出破坏模式1

（c）钢筋拔出破坏模式2

（d）钢筋断裂破坏

图 5-6 破坏模式

5.3.2 结构性能关键指标

表 5-4 为 GDPS 套筒接头试件的关键性能指标。表中钢筋黏结强度按式(5-1)计算,套筒-灌浆料黏结强度按式(5-2)计算:

$$\tau_b = P_{u,exp}/(\pi \cdot d_b \cdot l_b) \tag{5-1}$$

$$\tau_s = P_{u,exp}/[\pi \cdot D_{s,in} \cdot (0.5L - L_1)] \tag{5-2}$$

式中,τ_b 为钢筋黏结强度;$P_{u,exp}$ 为接头试件承载力;d_b 为钢筋公称直径;l_b 为钢筋锚固长度;τ_s 为套筒-灌浆料黏结强度;$D_{s,in}$ 为套筒内径;L_1 为套筒端部密封塞厚度。

由表 5-4 中数据可见,采用 A、B 类灌浆料的 GDPS 套筒连接接头试件,当锚固长度不小于 6 倍钢筋公称直径时,均为钢筋断裂破坏,接头抗拉强度满足 AASHTO(美国国家高速公路和交通运输协会标准)中的 FMC 接头、ACI 318(美国认证协会标准)中的 Type 2 类接头及我国《钢筋机械连接技术规程》(JGJ 107—2016)中 Ⅰ 类接头强度要求。锚固长度为 5 倍钢筋公称直径的接头试件,既有钢筋拔出破坏,也有钢筋断裂破坏。

光圆套筒试件均发生套筒-灌浆料黏结破坏,而 GDPS 套筒试件未出现此类破坏形式,表明套筒内壁凸环肋与灌浆料的机械咬合显著提高了套筒-灌浆料间的黏结强度。

表 5-4　主要试验结果

试件名称	极限荷载 $P_{u,exp}$/kN	黏结强度 τ_{max}/MPa	$\dfrac{f_u}{f_{byk}}$	$\dfrac{f_u}{f_{buk}}$	破坏模式
S045-GA*-4d-d18	41.6	3.98	0.41	0.30	套筒-灌浆料黏结破坏
S045-GB*-4d-d18	45.0	4.30	0.44	0.33	套筒-灌浆料黏结破坏
S042-GB*-4d-d18	45.2	4.32	0.44	0.33	套筒-灌浆料黏结破坏
S045-GC*-4d-d18	41.1	3.93	0.40	0.30	套筒-灌浆料黏结破坏
G345-a20-h0.5-GB*-3.5d-d20	137.3	31.22	1.09	0.81	钢筋拔出破坏
G245-a0-h0.5-GB*-3.5d-d20	126.2	28.69	1.00	0.74	钢筋拔出破坏
G145-a0-h0.5-GB*-3.5d-d20	125.0	28.42	0.99	0.74	钢筋拔出破坏
G345-a20-h1.5-GB*-3.5d-d20	153.1	34.81	1.22	0.90	钢筋拔出破坏
G245-a0-h1.5-GB*-3.5d-d20	156.3	35.54	1.24	0.92	钢筋拔出破坏
G145-a0-h1.5-GB*-3.5d-d20	141.4	32.15	1.13	0.83	钢筋拔出破坏
G*245-a0-h0.5-GB*-3.5d-d20	90.2	20.51	0.72	0.53	钢筋拔出破坏
G*245-a0-h1.5-GB*-3.5d-d20	130.4	29.65	1.28	0.95	钢筋拔出破坏
G345-a20-h0.5-GA*-4d-d18	124.3	30.53	1.22	0.90	钢筋拔出破坏
G345-a20-h0.5-GB*-4d-d18	119.3	29.30	1.17	0.87	钢筋拔出破坏
G245-a0-h0.5-GA*-4d-d18	114.9	28.22	1.13	0.84	钢筋拔出破坏
G245-a0-h0.5-GB*-4d-d18	110.9	27.24	1.09	0.81	钢筋拔出破坏
G145-a0-h0.5-GA*-4d-d18	111.6	27.41	1.10	0.81	钢筋拔出破坏
G145-a0-h0.5-GB*-4d-d18	111.0	27.26	1.09	0.81	钢筋拔出破坏
G345-a20-h1.5-GA*-4d-d18	136.3	33.48	1.34	0.99	钢筋拔出破坏
G345-a20-h1.5-GB*-4d-d18	133.4	32.76	1.31	0.97	钢筋拔出破坏
G245-a0-h1.5-GB*-4d-d18	134.7	33.08	1.32	0.98	钢筋拔出破坏
G145-a0-h1.5-GA*-4d-d18	121.5	29.84	1.19	0.88	钢筋拔出破坏
G145-a0-h1.5-GB*-4d-d18	116.5	28.61	1.14	0.85	钢筋拔出破坏
G*245-a0-h0.5-GA*-4d-d18	92.11	22.62	0.90	0.67	钢筋拔出破坏
G*245-a0-h0.5-GB*-4d-d18	82.8	20.34	0.81	0.60	钢筋拔出破坏
G*245-a0-h1.5-GA*-4d-d18	107.4	26.37	1.05	0.78	钢筋拔出破坏
G*245-a0-h1.5-GB*-4d-d18	107.3	26.35	1.05	0.78	钢筋拔出破坏
G245-a0-h1.5-GB*-4d-d16	114.7	35.65	1.43	1.06	钢筋拔出破坏
G345-a20-h2-GA-4d-d18	125.3	30.77	1.23	0.91	钢筋拔出破坏
G342-a20-h2-GA-4d-d18	138.2	33.94	1.36	1.01	钢筋拔出破坏
G345-a20-h2-GB-4d-d18	124.5	30.58	1.22	0.91	钢筋拔出破坏
G345-a20-h2-GC-4d-d18	108.3	26.60	1.06	0.79	钢筋拔出破坏
G342-a20-h2-GB-4d-d18	135.0	33.16	1.33	0.98	钢筋拔出破坏
G342-a20-h2-GB-4d-d16	99.8	31.02	1.24	0.92	钢筋拔出破坏
G242-a0-h2-GB-4d-d16	104.7	32.55	1.30	0.96	钢筋拔出破坏

表 5-4(续)

试件名称	极限荷载 $P_{u,exp}$/kN	黏结强度 τ_{max}/MPa	$\dfrac{f_u}{f_{byk}}$	$\dfrac{f_u}{f_{buk}}$	破坏模式
G345-a20-h2-GB-4d-d16	105.2	32.70	1.31	0.97	钢筋拔出破坏
G338-a20-h2-GB-4d-d16	105.0	32.64	1.31	0.97	钢筋拔出破坏
G445-a20-h1-GA-5d-d18	144.9	25.74	1.80	1.33	钢筋断裂破坏
G145-a0-h2-GA-5d-d18	140.2	27.55	1.38	1.02	钢筋拔出破坏
G445-a20-h2-GA-5d-d18	145.0	28.49	1.42	1.06	钢筋拔出破坏
G342-a20-h2-GA-5d-d16	114.6	28.50	1.42	1.06	钢筋拔出破坏
G345-a20-h2-GB-5d-d18	139.8	27.47	1.37	1.02	钢筋拔出破坏
G445-a20-h2-GB-5d-d18	140.2	27.55	1.38	1.02	钢筋拔出破坏
G145-a0-h2-GB-5d-d18	137.9	27.10	1.35	1.00	钢筋拔出破坏
G245-a0-h2-GB-5d-d18	139.8	27.47	1.37	1.02	钢筋拔出破坏
G245-a0-h1-GB-5d-d18	138.6	27.23	1.36	1.01	钢筋拔出破坏
G245-a0-h1.5-GB-5d-d18	140.1	27.53	1.38	1.02	钢筋拔出破坏
G345-a20-h1-GB-5d-d18	142.5	28.00	1.40	1.04	钢筋拔出破坏
G345-a20-h1.5-GB-5d-d18	147.7	29.02	1.45	1.07	钢筋拔出破坏
G445-a20-h1-GB-5d-d18	145.1	28.51	1.43	1.06	钢筋拔出破坏
G445-a20-h1.5-GB-5d-d18	144.6	28.41	1.42	1.05	钢筋拔出破坏
G345-a35-h2-GB-5d-d18	143.7	28.24	1.41	1.05	钢筋拔出破坏
G145-a0-h2-GC-5d-d18	110.2	21.65	1.08	0.80	钢筋拔出破坏
G445-a20-h2-GC-5d-d18	128.9	25.33	1.27	0.94	钢筋拔出破坏
G142-a0-h2-GB-5d-d18	136.7	26.86	1.34	0.99	钢筋拔出破坏
G242-a0-h2-GB-5d-d18	140.0	27.51	1.38	1.02	钢筋拔出破坏
G342-a20-h2-GB-5d-d18	143.7	28.24	1.41	1.05	钢筋断裂破坏
G442-a20-h2-GB-5d-d18	143.1	28.12	1.41	1.04	钢筋断裂破坏
G242-a0-h2-GB-5d-d16	119.9	29.82	1.49	1.10	钢筋拔出破坏
G342-a20-h1-GB-5d-d16	118.5	29.47	1.47	1.09	钢筋拔出破坏
G342-a20-h1.5-GB-5d-d16	115.2	28.65	1.43	1.06	钢筋拔出破坏
G342-a30-h2-GB-5d-d16	119.0	29.59	1.48	1.10	钢筋断裂破坏
G245-a0-h2-GB-5d-d16	119.7	29.77	1.49	1.10	钢筋断裂破坏
G345-a20-h2-GB-5d-d16	119.2	29.64	1.48	1.10	钢筋拔出破坏
G238-a0-h2-GB-5d-d16	116.5	28.97	1.45	1.07	钢筋拔出破坏
G338-a20-h2-GB-5d-d16	116.8	28.65	1.43	1.06	钢筋拔出破坏
G342-a20-h2-GC-5d-d16	96.6	24.02	1.20	0.89	钢筋拔出破坏
G445-a20-h1.0-GC-5d-d18	127.7	25.09	1.25	0.93	钢筋拔出破坏
G342-a20-h2-GA-6d-d16	119.4	21.21	1.48	1.10	钢筋断裂破坏
G442-a20-h2-GA-6d-d16	119.8	21.28	1.49	1.10	钢筋断裂破坏

表 5-4(续)

试件名称	极限荷载 $P_{u,exp}$/kN	黏结强度 τ_{max}/MPa	$\dfrac{f_u}{f_{byk}}$	$\dfrac{f_u}{f_{buk}}$	破坏模式
G345-a20-h2-GB-6d-d18	144.8	23.70	1.42	1.05	钢筋断裂破坏
G445-a20-h2-GB-6d-d18	149.9	24.54	1.47	1.09	钢筋断裂破坏
G445-a25-h2-GB-6d-d18	142.8	23.39	1.40	1.04	钢筋断裂破坏
G445-a30-h2-GB-6d-d18	144.3	23.62	1.42	1.05	钢筋断裂破坏
G345-a20-h2-GC-6d-d18	130.8	21.42	1.29	0.95	钢筋拔出破坏
G445-a20-h2-GC-6d-d18	140.3	22.97	1.38	1.02	钢筋拔出破坏
G342-a20-h2-GB-6d-d18	144.8	23.71	1.42	1.05	钢筋断裂破坏
G442-a20-h2-GB-6d-d18	141.9	23.23	1.39	1.03	钢筋断裂破坏
G342-a20-h2-GB-6d-d16	121.0	25.08	1.50	1.11	钢筋断裂破坏
G442-a20-h2-GB-6d-d16	121.1	25.10	1.51	1.12	钢筋断裂破坏
G342-a20-h2-GC-6d-d16	111.9	23.19	1.39	1.03	钢筋拔出破坏
G442-a20-h2-GC-6d-d16	105.1	21.78	1.31	0.97	钢筋拔出破坏
G345-a20-h2-GB-7d-d18	143.2	20.10	1.41	1.04	钢筋断裂破坏
G445-a20-h2-GB-7d-d18	144.3	20.25	1.42	1.05	钢筋断裂破坏
G445-a20-h1.5-GB-7d-d18	144.9	20.34	1.42	1.05	钢筋断裂破坏
G445-a35-h2-GB-7d-d18	144.5	20.28	1.42	1.05	钢筋断裂破坏
G442-a20-h2-GB-7d-d18	142.3	19.97	1.40	1.04	钢筋断裂破坏
G342-a20-h2-GB-7d-d16	119.5	21.23	1.49	1.10	钢筋断裂破坏
G242-a0-h2-GB-7d-d16	120.6	21.42	1.50	1.11	钢筋断裂破坏
G442-a20-h1.5-GB-7d-d16	121.5	21.58	1.51	1.12	钢筋断裂破坏
G442-a30-h2-GB-7d-d16	119.3	21.19	1.48	1.10	钢筋断裂破坏

5.3.3 套筒应变变化规律

图 5-7 所示为典型试件的套筒应变变化规律,试件 G345-a20-h2-GA-4d-d18 因光滑段长度较短,所以应变片间距较小,应变值较接近。与可行性研究试验结果类似,套筒中部光滑段轴向为拉应变,环向因泊松效应为压应变。

当荷载较小时,应变随荷载增大近似呈线性增长,但在加载后期应变变化曲线出现转折。试件 G345-a20-h2-GA-4d-d18、G345-a20-h2-GB-5d-d18、G345-a20-h2-GB-6d-d18、G445-a20-h1.5-GB-7d-d18 分别在 100 kN、110 kN、115 kN、130 kN 左右时,环向应变开始减小,对应位置的轴向应变也逐渐开始减小,表明随着荷载增大,套筒中部灌浆料的劈裂膨胀变形越来越明显。同时可见,随着钢筋锚固长度的增加,接头承载力提高的同时,套筒中部灌浆料开始出现明显劈裂膨胀时的荷载也在增大。

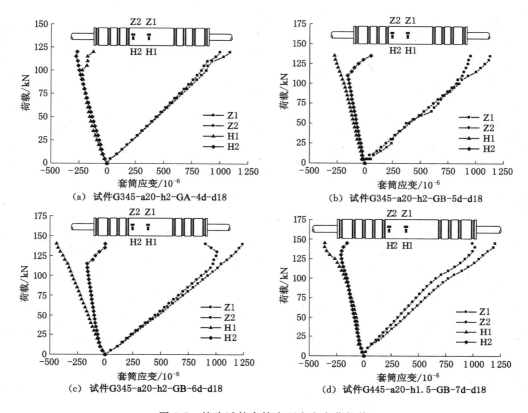

图 5-7　接头试件套筒表面应变变化规律

5.4　参数分析

套筒灌浆连接是通过钢筋、灌浆料、套筒相互间的黏结将荷载从一端钢筋传递到另一端钢筋,并利用套筒的约束作用提高钢筋与填充灌浆料之间的黏结强度。影响钢筋黏结强度的参数主要包括钢筋锚固长度、混凝土强度及周围约束等。同时,根据套筒灌浆连接的工作机理及传力特征,套筒内腔结构对连接的黏结性能也有显著影响。

国内外规范均对钢筋连接接头性能有两个要求:强度和变形。强度要求是希望连接钢筋先于接头断裂,从而避免接头发生脆性破坏;变形性能则是要求接头具有足够的刚度,避免在荷载作用下钢筋与套筒之间出现过大的滑移,造成预制构件混凝土开裂,影响美观及耐久性(JGJ 355—2015 规定,接头加载至 $0.6f_{byk}$ 后卸载得到的残余变形应小于或等于 0.1 mm)。因此,下面将从强度和变形两个方面对 GDPS 套筒灌浆连接接头的结构性能影响因素进行分析。

5.4.1　套筒内腔结构对接头性能的影响

GDPS 套筒灌浆连接的传力机理如图 5-8 所示。在拉力作用下,内壁凸环肋可大幅提高套筒与灌浆料间的机械咬合力,减小灌浆料跟随钢筋产生的滑移变形,避免出现套筒-灌浆料黏结破坏。同时,在套筒变形段,环肋与灌浆料的相互作用的竖向分力可对灌浆料产生主动约束,进而影响钢筋的黏结性能。下面将基于试验结果对环肋数量、高度及间距对接头性能的影响进行分析。

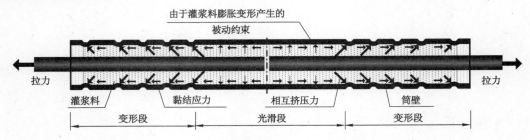

图 5-8 钢筋套筒灌浆连接传力机理

5.4.1.1 环肋数量及间距对接头黏结性能的影响

图 5-9 所示为 GDPS 套筒灌浆连接接头承载力与套筒内壁环肋数量的关系曲线,横坐标为套筒一侧环肋数量。对于钢筋锚固长度为 3.5d 和 4d 的试件,环肋数量从 1 道增加至 3 道时,接头抗拉强度提高 4.77%～14.24%;环肋数量从 2 道增加至 3 道时,接头抗拉强度既有提高也有降低,变化幅度为－4.68%～8.18%。对于钢筋锚固长度为 5d 的试件,环肋数量从 1 道增加至 4 道时,采用 A 类灌浆料(87.3 MPa)的接头抗拉强度提高 3.45%,B 类灌浆料(91.8 MPa)接头提高 0.86%,C 类灌浆料(70.8 MPa)接头提高 17%;环肋数量从 2 道增加至 4 道时,接头抗拉强度提高 0.29%～4.84%。

综上可见:当灌浆料强度较高,钢筋锚固长度达到 5d,环肋不少于 2 道时,环肋数量的变化对接头抗拉强度的影响较小,强度变化幅度在 5% 以内。

同时,1 道环肋套筒接头试件的抗拉承载力最小,随着环肋数量增加,接头强度提高,但部分试件随着套筒环肋数量的增加,接头强度略有降低。这类试件所用的套筒,其内壁环肋高度大于或等于 1.5 mm,变形段长度与 1/2 套筒长度的比值大于 0.56,由于环肋数量过多,最内侧环肋过于靠近套筒中部,增加了钢筋弹性段套筒与灌浆料的机械咬合作用,造成接头抗拉强度降低[7-8]。通过对比 G 类套筒试件和 G* 类套筒试件可以更加明显地发现这一问题,如图 5-10 所示。图 5-10 中试件的套筒每侧均为 2 道环肋,但环肋间距从 25 mm 增大至 45 mm,变形段长度与 1/2 套筒长度的比值从 0.39 增大至 0.61,接头强度则降低了16.6%～28.5%,环肋的位置对套筒灌浆连接承载力的影响非常显著。

图 5-11 所示为不同环肋数量的 GDPS 套筒连接试件的荷载-变形曲线对比,变形为试验机夹具间的位移,为便于对比,横坐标采用了不同的比例。钢筋屈服前,两根连接钢筋的平均滑移 s_{ave} 可按式(5-3)计算。由于对比试件的钢筋类别及长度相同,即 δ_e 相等,因此不同试件的变形差(Δu_{mea})实际为滑移差(Δs_{ave}),$\Delta u_{mea} = 2\Delta s_{ave}$,属于不可恢复变形或残余变形,对接头的正常使用性能有很大影响。

$$s_{ave} = 0.5(u_{mea} - 2\delta_e) \tag{5-3}$$

式中,u_{mea} 为疲劳机夹具间的位移;δ_e 为钢筋锚固段外的弹性伸长变形。

由图 5-11 可知,尽管套筒仅靠 1 道肋即避免了套筒-灌浆料黏结破坏模式,但一端仅 1道或 2 道肋的接头试件在荷载较小时即产生了较大的非弹性变形,无法满足接头的正常使用极限状态要求。

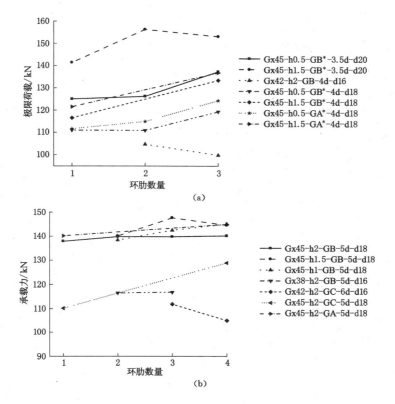

图 5-9　接头试件承载力与环肋数量关系

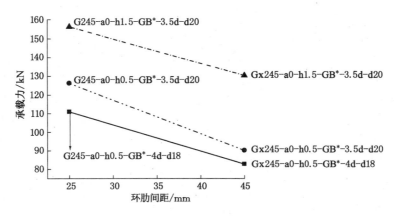

图 5-10　接头试件承载力与环肋间距关系

环肋数量越多,荷载-变形曲线初始上升段的斜率越大,变形越小。但随着环肋数量的增加,GDPS 套筒灌浆连接接头的变形逐渐接近,如图 5-11(a)、(b)、(c)所示。同时,由图 5-11(a)、(b)、(c)的相互对比可见,环肋高度较小时[图 5-11(c)],环肋数量的变化对接头的变形影响更大。从图 5-11(d)～(g)可以看出,当钢筋锚固长度较大、套筒环肋高度较高时,环肋数量的变化对变形的影响很小。钢筋应力不大于 $0.6f_{byk}$ 时,钢筋锚固长度为 $7d$ 的接头试件位移基本相等。

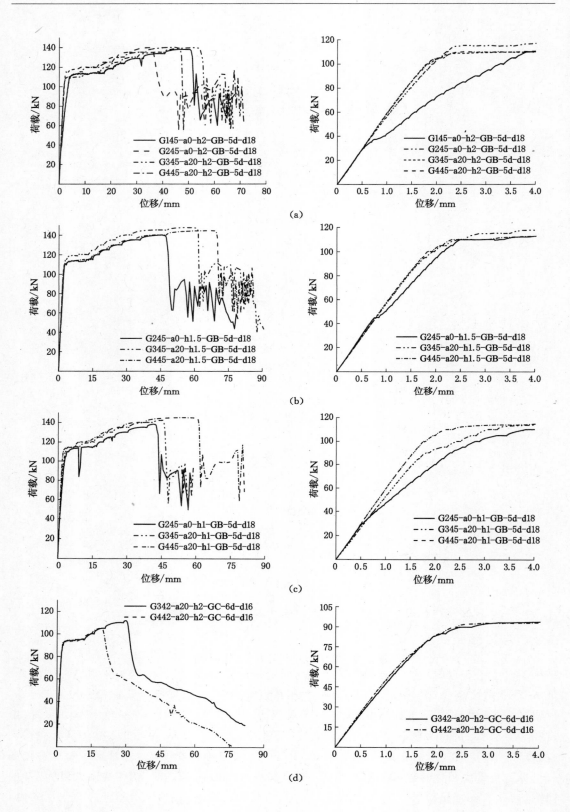

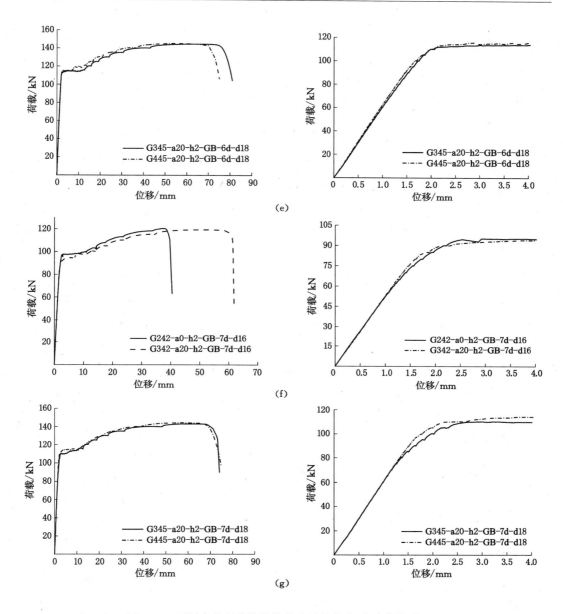

图 5-11　不同套筒环肋数量的接头试件荷载-位移曲线对比

图 5-12 所示为环肋数量相同但间距不同的 GDPS 套筒接头试件的荷载-变形曲线对比结果。对于图 5-12(a)所示的试件,随着环肋间距的增大,变形段长度与 1/2 套筒长度的比值从 0.51 增大至 0.65,尽管承载力没有降低反而提高了 2.80%,但在荷载超过 50 kN 后变形明显增多;对于图 5-12(b)所示的试件,随着环肋间距的增大,变形段长度与 1/2 套筒长度的比值从 0.52 增大至 0.76,尽管钢筋锚固长度较大,仍可看出间距增大后,荷载较大时(超过 85 kN)的变形增大。

为进一步说明环肋数量及间距的变化对接头变形的影响,表 5-5 列出了不同环肋数量、间距的 GDPS 套筒连接试件在不同钢筋应力下的变形差值。总体而言,随着环肋数量的增

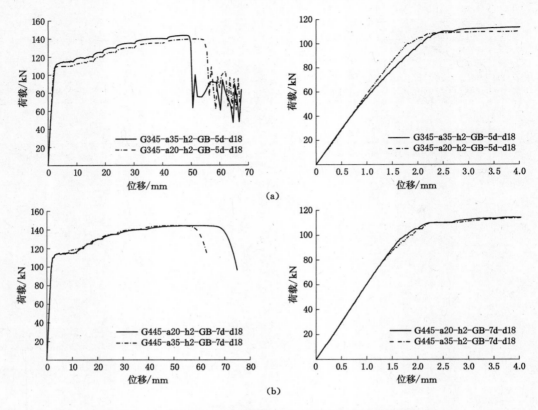

图 5-12　不同环肋间距套筒的接头试件荷载-位移曲线对比

加,接头残余变形逐渐减小。但当环肋高度为 2 mm 时,3 道肋套筒连接试件和 4 道肋套筒连接试件间的变形差很小。因此,为确保接头的变形性能,套筒环肋至少应设置 3 道,并宜均匀布置在钢筋非弹性段内。

表 5-5　不同环肋数量、间距的接头变形差值

试件名称	钢筋应力/MPa	$\Delta_{2\text{-}1}$/mm	$\Delta_{3\text{-}2}$/mm	$\Delta_{4\text{-}3}$/mm	$\Delta_{35\text{-}20}$/mm
Gx45-h2-GB-5d-d18	$0.6f_{byk}$	−0.49	−0.06	0.01	
	f_{byk}	−1.37	−0.12	0.02	
Gx45-h1-GB-5d-d18	$0.6f_{byk}$		−0.23	−0.13	
	f_{byk}		−0.45	−0.68	
Gx42-h2-GC-6d-d16	$0.6f_{byk}$			−0.06	
	f_{byk}			−0.02	
Gx42-h2-GB-6d-d18	$0.6f_{byk}$			−0.03	
	f_{byk}			−0.05	
Gx45-h2-GB-6d-d18	$0.6f_{byk}$			−0.03	
	f_{byk}			−0.07	
Gx42-h2-GB-7d-d16	$0.6f_{byk}$		0		
	f_{byk}		−0.12		

表 5-5(续)

试件名称	钢筋应力/MPa	$\Delta_{2\text{-}1}$/mm	$\Delta_{3\text{-}2}$/mm	$\Delta_{4\text{-}3}$/mm	$\Delta_{35\text{-}20}$/mm
Gx45-h2-GB-7d-d18	$0.6f_{byk}$			0	
	f_{byk}			-0.22	
G345-ax-h2-GB-5d-d18	$0.6f_{byk}$				0.06
	f_{byk}				0.21
G445-ax-h2-GB-7d-d18	$0.6f_{byk}$				0
	f_{byk}				0.09

说明：$\Delta_{2\text{-}1}$、$\Delta_{3\text{-}2}$、$\Delta_{4\text{-}3}$分别表示 2 道环肋和 1 道环肋、3 道环肋和 2 道环肋、4 道环肋和 3 道环肋套筒试件的变形差值；$\Delta_{35\text{-}20}$表示 a 为 35 mm 和 20 mm 的套筒试件的变形差值。

5.4.1.2　环肋内壁凸起高度对接头黏结性能的影响

图 5-13 所示为接头试件承载力与套筒环肋高度的关系曲线。除 G445-a20-hx-GB-5d-d18 系列试件外，环肋高度从 0.5 mm 增加至 1.5 mm 时，接头强度随之增加。其中，钢筋锚固长度为 3.5d 的 G 类套筒接头试件，承载力增幅在 13.1％～23.8％之间，G^* 类套筒接头试件增幅为 44.5％；钢筋锚固长度为 4d 的 G 类套筒接头试件，承载力增幅在 4.9％～14.7％之间，G^* 类套筒接头试件最大增幅为 29.5％；钢筋锚固长度为 5d 的 G 类套筒接头试件，承载力增幅在 1.2％～3.6％之间。可见，接头承载力的增加幅度随钢筋锚固长度的增加明显减少。

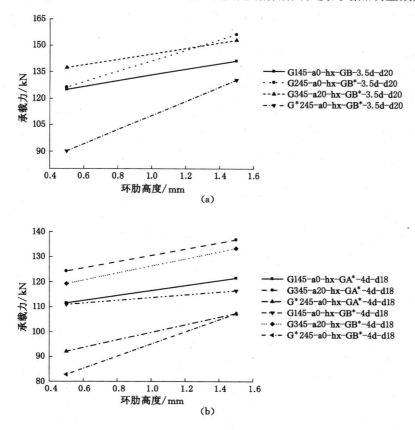

（a）

（b）

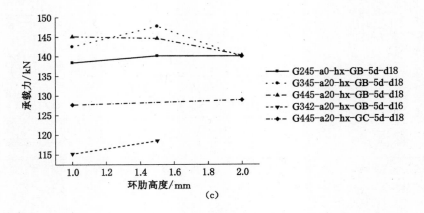

图 5-13　接头试件承载力与环肋高度关系

　　套筒环肋内壁凸起高度从 1.5 mm 增加至 2.0 mm 时,G345-a20-hx-GB-5d-d18 和 G445-a20-hx-GB-5d-d18 系列试件接头承载力降低,降幅分别为 5.3% 和 3.0%,而且 G445-a20-hx-GB-5d-d18 系列试件在环肋高度从 1.0 mm 增至 1.5 mm 时,接头承载力即已略有降低。究其原因,与环肋数量的变化对接头强度的影响类似,环肋高度的过度增加增强了钢筋弹性段套筒与灌浆料的机械咬合作用,抵消了环肋高度增加对接头的有利影响,造成接头强度降低。

　　图 5-14 所示为不同环肋高度的 GDPS 套筒连接试件的荷载-位移曲线,可以看出随着环肋高度的增加,曲线在上升段的斜率增大,也即接头的刚度增大、位移减小。对比图 5-14(a)、(b)、(c)可以发现,随着环肋数量的增加,环肋高度对接头变形性能的影响逐渐降低。同时,通过图 5-14(c)、(d)、(e)、(f)可见,环肋数量为 4 道时,环肋高度的增加对变形的影响较小。为进一步说明环肋高度的变化对接头变形的影响,表 5-6 列出了不同环肋内壁凸起高度的 GDPS 套筒连接试件在不同钢筋应力下的变形差值。通过图 5-14 及表 5-6 可见,从变形角度考虑,当环肋数量较多时,环肋内壁凸起高度可取较小值,而当环肋数量较少时,则应取大值。

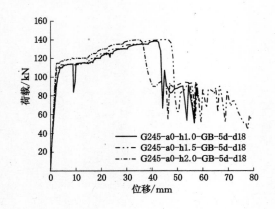

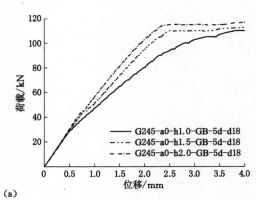

(a)

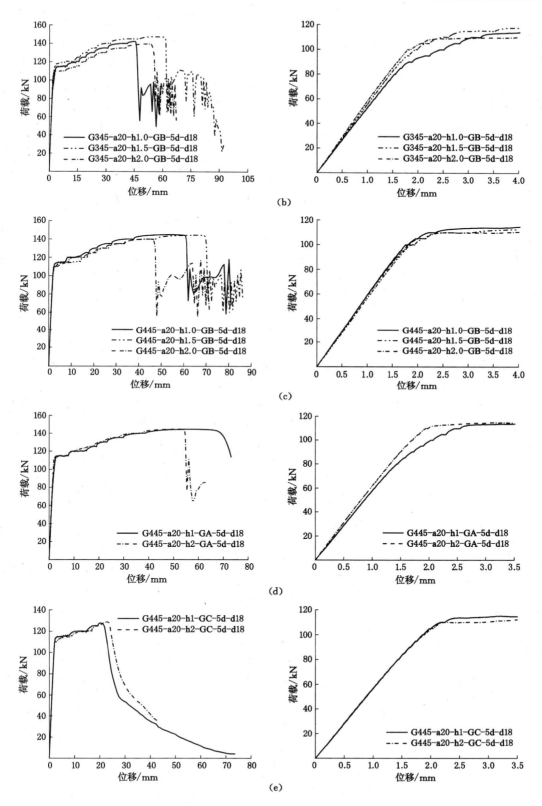

（b）

（c）

（d）

（e）

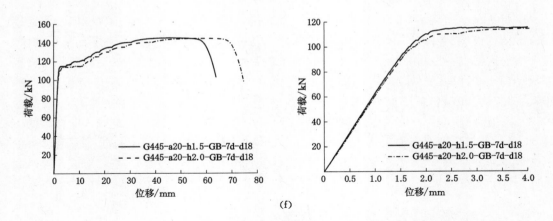

图 5-14　不同环肋高度套筒的接头试件荷载-位移曲线对比

表 5-6　不同环肋高度的接头变形差值

试件名称	钢筋应力/MPa	$\Delta_{1.5-1}$/mm	$\Delta_{2-1.5}$/mm	Δ_{2-1}/mm
G245-a0-hx-GB-5d-d18	$0.6f_{byk}$	−0.16	−0.13	−0.30
	f_{byk}	−0.68	−0.21	−0.89
G345-a20-hx-GB-5d-d18	$0.6f_{byk}$	−0.06	−0.05	−0.11
	f_{byk}	−0.49	−0.15	−0.64
G445-a20-hx-GB-5d-d18	$0.6f_{byk}$	0.04	−0.04	0
	f_{byk}	−0.03	0.08	0.05
G445-a20-hx-GA-5d-d18	$0.6f_{byk}$			−0.07
	f_{byk}			−0.34
G445-a20-hx-GC-5d-d18	$0.6f_{byk}$			−0.01
	f_{byk}			0.02
G445-a20-hx-GB-7d-d18	$0.6f_{byk}$		0.03	
	f_{byk}		0.08	

　　说明:Δ 为试件的变形差值,下标为套筒环肋高度。例如,Δ_{2-1} 即为套筒环肋高度 2 mm 的接头试件与 1 mm 试件的变形差值。

　　综上所述,套筒内腔结构对钢筋套筒灌浆连接接头的强度和变形均有显著影响。当环肋均位于钢筋非弹性段时,环肋高度及数量的增加会提高接头的强度并减小接头残余变形,钢筋锚固长度越小,内腔结构的变化对接头性能的影响越大。原因如下:

　　(1)灌浆料的劈裂是从钢筋加载端(套筒端部)开始,在钢筋非弹性段开展最为充分,该区段的套筒内壁环肋对灌浆料形成的主动约束可以延缓并减小灌浆料的劈裂,从而减小接头在荷载初始上升段的残余变形。但由于钢筋拔出破坏时的承载力取决于灌浆料的抗剪承载力,因此当灌浆料强度较高、钢筋锚固长度较大时,约束作用的增大对灌浆料咬合齿抗剪强度的提高影响有限,环肋数量的变化对接头的抗拉承载力影响较小。

　　(2)当套筒环肋数量减少、环肋凸起高度减小时,灌浆料和套筒间会产生更大的滑移,从而造成接头刚度降低,残余变形增大。

需要注意的是,在钢筋弹性段增加套筒与灌浆料的机械咬合作用,会削弱套筒灌浆连接接头的结构性能,造成接头承载力减小、变形增大。其主要原因为:在接头钢筋的非弹性段,由于钢筋应力、应变及相对滑移较大,钢筋变形肋对灌浆料产生较大的挤压力,灌浆料劈裂裂缝得到充分开展,套筒环肋处的接触压力对灌浆料的约束非常明显。在这一区段,环肋的设置有利于提高钢筋的黏结性能;而在钢筋弹性段,由于钢筋应力较小,灌浆料仅存在少量的细微劈裂裂缝,但由于套筒内壁环肋的存在,环肋对灌浆料的止推作用造成环肋两侧的灌浆料变形不一致,进而导致灌浆料在环肋处开裂,如图 5-15 所示。该裂缝的存在削弱了钢筋弹性段与灌浆料的黏结,造成钢筋黏结强度的降低和黏结滑移的增大,进而造成连接承载力的降低和接头变形的增大。因此,套筒环肋应在钢筋非弹性段均匀布置。

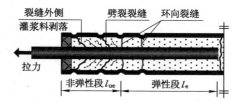

图 5-15　试件 G4-h2.0-G28-5d-d18-1 灌浆料破坏形态

5.4.2　钢筋锚固长度对接头性能的影响

图 5-16 所示为接头承载力及钢筋黏结强度随钢筋锚固长度变化的变化情况,钢筋黏结强度按式(5-1)计算。随钢筋锚固长度的增加(从 $4d$ 增加至 $5d$),钢筋黏结承载力提高 9.7%~14.5%,黏结强度则降低 8.4%~12.2%。这是因为,随着锚固长度的增加,钢筋与灌浆料间有更大的机械咬合作用,灌浆料咬合齿剪切面积增加,造成承载力提高。然而,由于黏结应力沿锚固长度非均匀分布,锚固长度越大,分布越不均匀,造成钢筋黏结强度随锚固长度的增加而降低。

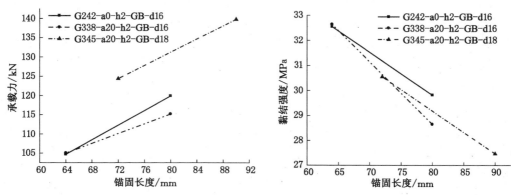

图 5-16　接头承载力及黏结强度与锚固长度的关系

图 5-17 所示为不同钢筋锚固长度接头试件的荷载-位移曲线对比。可以看出,随锚固长度的增加,荷载-位移曲线初始上升段的斜率增大,即连接刚度增大、变形减小,结构性能更好。

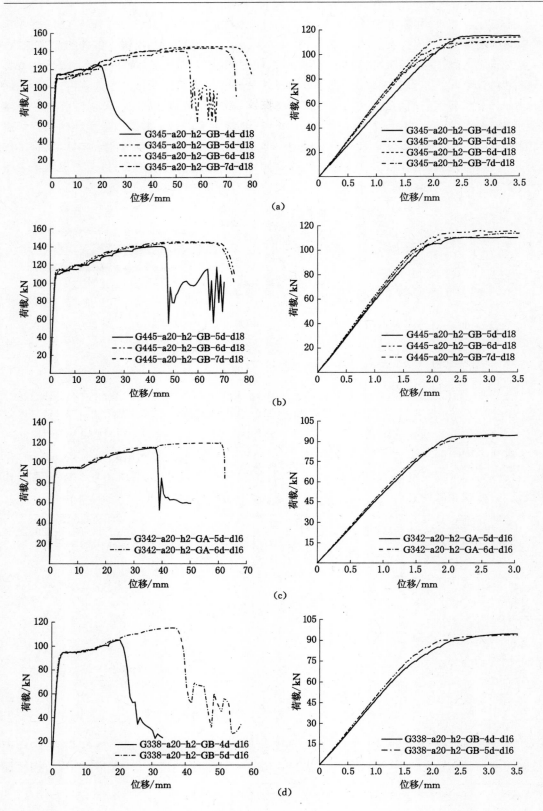

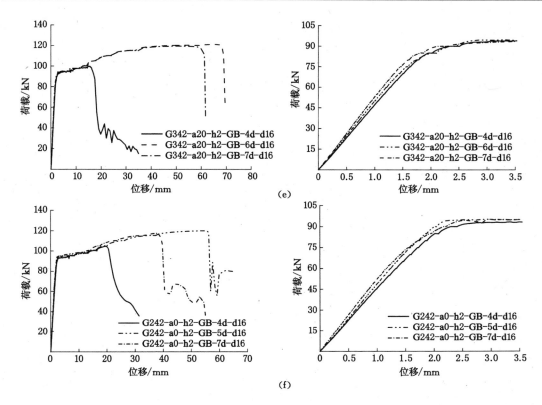

图 5-17　不同钢筋锚固长度的接头试件荷载-位移曲线对比

为进一步说明钢筋锚固长度对接头变形的影响,表 5-7 列出了不同钢筋锚固长度的 GDPS 套筒连接试件在不同钢筋应力下的变形差值。

表 5-7　不同钢筋锚固长度试件的变形差

试件名称	钢筋应力/MPa	$\Delta_{7\text{-}6}$/mm	$\Delta_{6\text{-}5}$/mm	$\Delta_{5\text{-}4}$/mm	$\Delta_{6\text{-}4}$/mm	$\Delta_{7\text{-}5}$/mm
G345-a20-h2-GBxd-d18	$0.6f_{byk}$	−0.01	−0.03	−0.13	−0.17	−0.04
	f_{byk}	0.23	−0.07	−0.21	−0.28	0.17
G445-a20-h2-GB-xd-d18	$0.6f_{byk}$	0.03	−0.06			−0.03
	f_{byk}	0.1	−0.15			−0.05
G342-a20-h2-GA-xd-d16	$0.6f_{byk}$		−0.04			
	f_{byk}		−0.04			
G338-a20-h2-GB-xd-d16	$0.6f_{byk}$			−0.05		
	f_{byk}			−0.18		
G342-a20-h2-GB-xd-d16	$0.6f_{byk}$	−0.05			−0.06	
	f_{byk}	−0.14			−0.04	
G242-a0-h2-GB-4d-d16	$0.6f_{byk}$				−0.07	−0.07
	f_{byk}				−0.14	0.00

说明:Δ 为试件的变形差值,下标为钢筋锚固长度。例如,$\Delta_{7\text{-}6}$ 即为钢筋锚固长度为 $7d$ 试件与 $6d$ 试件的变形差值。

5.4.3 灌浆料性能对接头性能的影响

图 5-18(a)反映了灌浆料抗压强度对接头承载力的影响,灌浆料抗压强度从 67.5 MPa (C 类)增加至 91.8 MPa(B 类)时,1 道和 3 道肋套筒试件抗拉承载力分别增加了 27.0% 和 16.0%,4 道肋套筒试件平均增加了 11.2%,接头承载力随灌浆料强度的提高显著增加。这是由于试件均为钢筋拔出破坏,接头强度取决于钢筋变形肋咬合齿的抗剪强度,因此灌浆料强度越高,咬合齿的抗剪承载力越高,接头承载力越高。

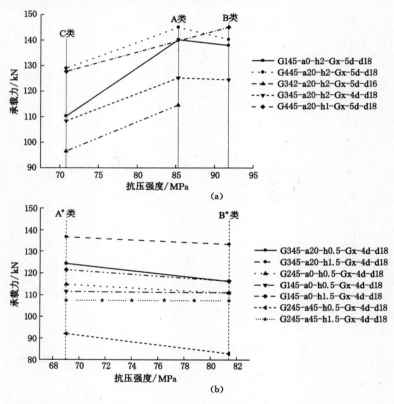

图 5-18　接头承载力与灌浆料强度关系

同时可见,随着环肋数量的增加,接头承载力增幅减小,并且当灌浆料抗压强度为 70.8 MPa 时,4 道肋试件 G445-a20-h2-GC-5d-d18 的抗拉承载力为 1 道肋试件 G145-a0-h2-GC-5d-d18 的 1.17 倍,但当抗压强度提高至 91.8 MPa 时,两者的抗拉承载力几乎相等。这表明,当灌浆料强度较小时,套筒环肋对接头抗拉强度的影响更大,环肋处对灌浆料的主动约束提高了钢筋的黏结强度,但当灌浆料强度较高时,环肋处的主动约束对钢筋黏结强度的提高幅度减小。

A 类灌浆料抗压强度为 85.3 MPa,B 类为 91.8 MPa,但 B 类灌浆料试件的承载力反而略有降低(降幅 0.1%～3.3%)。从图 5-18(b)中也可发现这一规律,A* 类灌浆料抗压强度为 69.0 MPa,B* 类灌浆料为 81.4 MPa,而 B* 类灌浆料试件承载力较 A* 类灌浆料试件降低了 0.12%～10.09%。这是由于尽管 A 及 A* 类灌浆料的强度相对较低,但由于其在密封条件和水养条件下的膨胀率均大于 B 类灌浆料,会在钢筋-灌浆料界面产生更大的接触压力,进而提高钢筋的摩擦力,这在一定程度上弥补了灌浆料强度略低造成的钢筋黏结承载力下降。可以推断,对于相同强度的灌浆料,膨胀率较大的灌浆料接头试件抗拉强度更高。图 5-19所示为接头承载力、灌浆料强度和灌浆料膨胀率三者之间的关系云图,可见随着灌浆料强度和膨胀率的提高(水养条件下),接头的抗拉承载力逐渐增大。

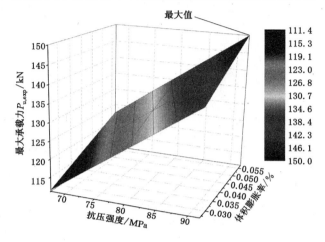

图 5-19　接头承载力与灌浆料强度、膨胀率关系

图 5-20 所示为不同灌浆料类别的接头试件的荷载-位移曲线。通过将 A、B 类灌浆料试件与 C 类灌浆料试件对比发现,强度等级高的灌浆料的试件,由于咬合齿的强度及弹性模量提高,曲线在钢筋屈服前的斜率更大、位移更小,即接头刚度更大、变形性能更好。

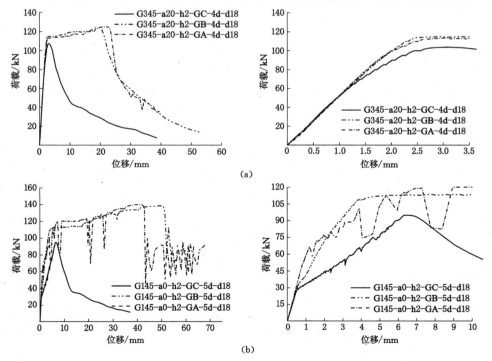

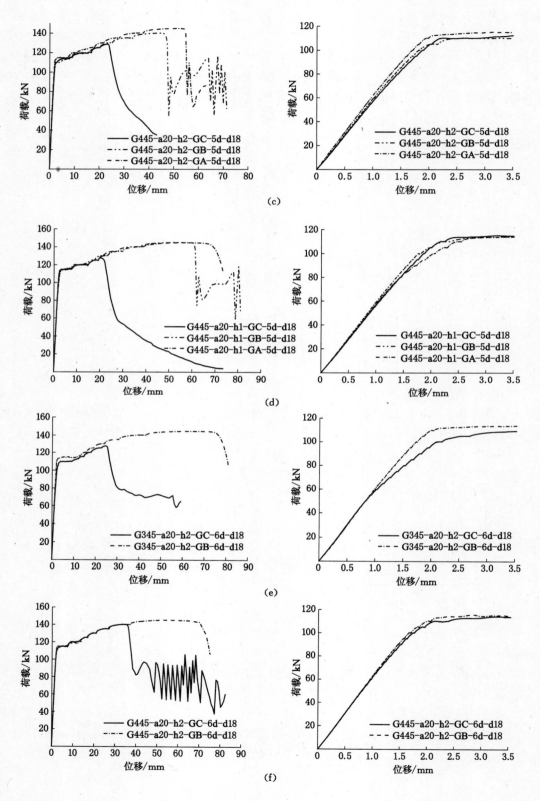

(c)

(d)

(e)

(f)

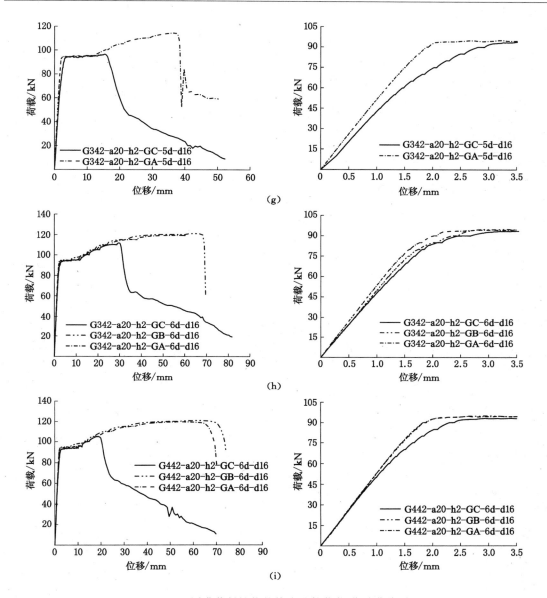

图 5-20　不同灌浆料性能的接头试件荷载-位移曲线对比

　　A 类和 B 类灌浆料试件对比可见,除 G445-a20-h1-Gx-5d-d18 系列试件[图 5-20(b)]因套筒每端仅 1 道肋而变形较大外,钢筋屈服前两者的变形较为接近,A 类灌浆料试件由于养护阶段在钢筋-灌浆料界面及套筒-灌浆料界面产生了更大的接触压力,提高了钢筋-灌浆料-套筒相互间的黏结刚度,变形略小。

　　为进一步说明灌浆料对接头变形的影响,表 5-8 列出了采用不同灌浆料的 GDPS 套筒连接试件在不同钢筋应力下的变形差值。通过对比图 5-20(b)和(c)、(e)和(f)、(h)和(i)及表 5-7 可见,与接头抗拉承载力类似,随着环肋数量增加,灌浆料性能对接头刚度的影响降低。

表 5-8　不同灌浆料类别试件的变形差

试件名称	钢筋应力/MPa	$\Delta_{\text{A-B}}$/mm	$\Delta_{\text{B-C}}$/mm	$\Delta_{\text{A-C}}$/mm
G345-a20-h2-Gx-4d-d18	$0.6f_{\text{byk}}$	-0.03	0.00	-0.03
	f_{byk}	-0.01	-0.43	-0.45
G145-a0-h2-Gx-5d-d18	$0.6f_{\text{byk}}$	-0.58	-1.95	-2.53
	$0.9f_{\text{byk}}$	0.71	-2.98	-2.27
G445-a20-h2-Gx-5d-d18	$0.6f_{\text{byk}}$	-0.05	-0.04	-0.08
	f_{byk}	-0.11	-0.07	-0.18
G445-a20-h1-Gx-5d-d18	$0.6f_{\text{byk}}$	0.03	-0.05	-0.02
	f_{byk}	0.28	-0.10	0.18
G345-a20-h2-Gx-6d-d18	$0.6f_{\text{byk}}$	—	-0.04	—
	f_{byk}	—	-0.36	—
G445-a20-h2-Gx-6d-d18	$0.6f_{\text{byk}}$	—	-0.01	—
	f_{byk}	—	-0.08	—
G342-a20-h2-Gx-5d-d16	$0.6f_{\text{byk}}$			-0.21
	f_{byk}			-0.62
G342-a20-h2-Gx-6d-d16	$0.6f_{\text{byk}}$	-0.07	-0.05	-0.11
	f_{byk}	-0.15	-0.08	-0.24
G442-a20-h2-Gx-6d-d16	$0.6f_{\text{byk}}$	0.00	-0.04	-0.05
	f_{byk}	-0.01	-0.24	-0.26

说明：Δ 为试件的变形差值，下标为钢筋锚固长度。例如，$\Delta_{\text{A-B}}$即为 A 类灌浆料试件与 B 类灌浆料试件的变形差值。

5.4.4　套筒加工用钢管规格对接头性能的影响

　　图 5-21 反映了套筒加工用钢管规格对接头承载力的影响。对于每端 1 道或 2 道环肋的套筒连接试件[图 5-21(a)]，当钢管规格（mm×mm，以下同）从 42×3.5 改为 45×4 时，G1x-a0-h2-GB-5d-d18 系列试件承载力略有提高（增幅 2.4%），G2x-a0-h2-GB-5d-d18 系列试件承载力基本不变；当钢管规格从 38×3 改为 42×3.5 时，G2x-a0-h2-GB-5d-d16 系列试件承载力略有提高（增幅 3.0%）。

　　与 1、2 道肋 GDPS 套筒试件承载力变化趋势相反，对于 3、4 道肋套筒试件[图 5-21(b)]，当钢管规格从 42×3.5 改为 45×4 时，d18 钢筋接头试件承载力均降低，其中锚固长度 4d 的试件约从 137 kN 降低到 125 kN，降幅 9%左右；对于 d16 钢筋接头试件，当钢管规格从 38×3 改为 42×3.5 时，G3x-a0-h2-GB-4d-d16 系列试件承载力从 105.0 kN 下降为 99.8 kN，降幅为 5%，而当钢管规格从 38×3 改为 45×4 时，承载力则基本持平或略有提高。

　　综上所述，钢管规格对钢筋连接接头的承载力有一定影响，主要原因是由于钢管规格的变化造成了钢管径厚比及灌浆料浆体厚度的变化（表 5-9），而这两个参数影响套筒对灌浆料的约束效应。钢管径厚比 R_{s} 及浆体厚度 t_{g} 分别按式（5-4）、式（5-5）计算：

$$R_{\text{s}} = D_{\text{s,out}}/t_{\text{s}} \tag{5-4}$$

$$t_{\text{g}} = (D_{\text{s,out}} - 2t_{\text{s}} - d_{\text{b}})/2 \tag{5-5}$$

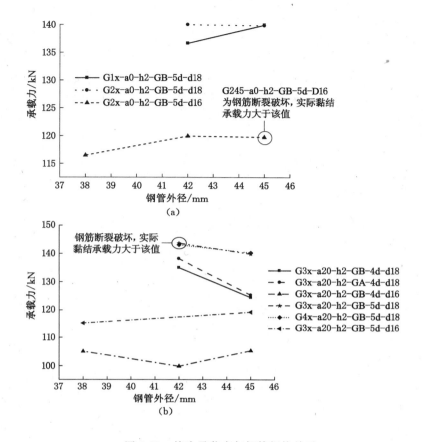

图 5-21　接头承载力与钢管规格关系

表 5-9　钢管径厚比及浆体厚度

连接钢筋直径 d_b/mm	钢管规格（外径 mm×壁厚 mm）	钢管径厚比 R_s	浆体厚度 t_g/mm
16	38×3.0	12.67	8.0
	42×3.5	12.00	9.5
	45×4.0	11.25	10.5
18	42×3.5	12.00	8.5
	45×4.0	11.25	9.5

由图 5-21(a)可见，当环肋数量较少时(1、2 道)，钢管径厚比越小，浆体厚度越大，接头承载力越高，1 道肋试件表现更为明显。由图 5-21(b)可见，当环肋数量较多时(3、4 道)，浆体厚度越薄，接头承载力越高。原因如下：

接头试件在拉力作用下，由于钢筋的"锥楔"作用会造成灌浆料劈裂，并且钢筋非弹性段的劈裂膨胀变形更大[9]。在当环肋较少时，套筒对灌浆料的约束主要为被动约束，浆体越厚，套筒径厚比小，灌浆料的劈裂变形越明显，套筒的径向刚度越大，对灌浆料的约束作用越强，因而接头承载力越高。而当环肋数量较多时，套筒对钢筋非弹性段灌浆料的约束主要来自环肋处的主动约束,该约束受钢管径厚比的影响很小,而是取决于环肋尺寸及钢筋承受的荷载大小。当浆体厚度减小时,套筒对灌浆料劈裂变形的敏感性增强,约束更加有效。但当套筒径厚比足够小,也即套筒径向刚度足够大时,例如试件 G345-a20-h2-GB-4d-d16 和 G345-a20-h2-GB-5d-d16,尽管浆体厚度较大,其承载力仍能与采用 38×3 的套筒接头试件相当或略高,但显然这些套筒接头试件的经济性较差。根据本书试验结果,对公称直径 16 mm 和 18 mm 的连接钢筋,浆体厚度取 8 mm 和 8.5 mm 时接头承载力与套筒用钢量的比值更高,性价比更好。

图 5-22 所示为不同钢管规格的套筒接头试件荷载-位移曲线对比。从图 5-22(a)、(b)、(c)、(d)、(f)、(h)中可见,与接头承载力类似,承载力高的试件在钢筋屈服前的曲线斜率更大,变形更小,性能更好。尽管图 5-22(e)、(g)中,接头试件变形性能的优劣与承载力的高低并不完全一致,但钢筋屈服前接头的变形差异较小,尤其是钢筋应力较小时。

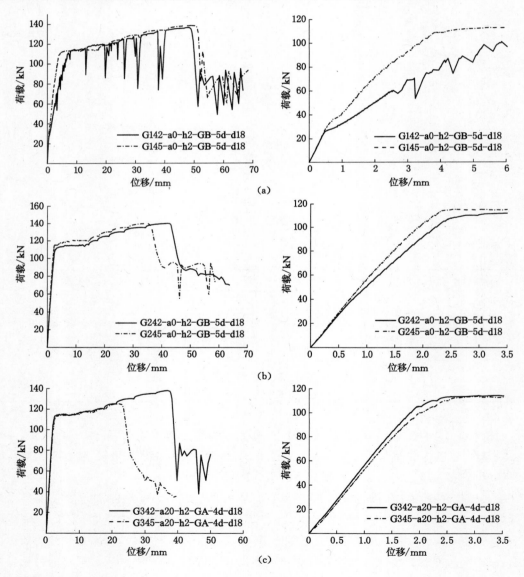

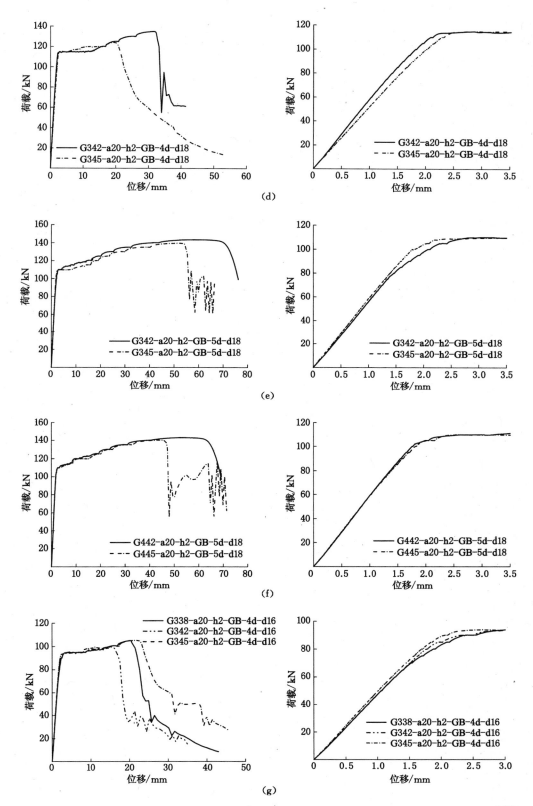

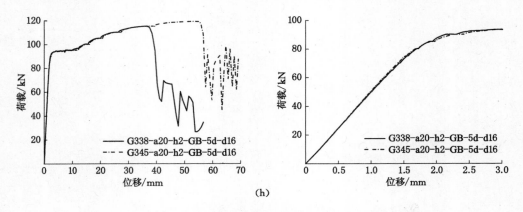

(h)

图 5-22　不同钢管规格的套筒接头试件荷载-位移曲线对比

表 5-10 列出了不同钢管规格的套筒接头试件的变形差。

表 5-10　不同钢管规格的套筒接头试件的变形差

试件名称	钢筋应力/MPa	$\Delta_{42\text{-}38}$/mm	$\Delta_{45\text{-}42}$/mm	$\Delta_{45\text{-}38}$/mm
G1x-a0-h2-GB-5d-d18	$0.6f_{byk}$		-0.90	
	f_{byk}		-2.41	
G2x-a0-h2-GB-5d-d18	$0.6f_{byk}$		-0.15	
	f_{byk}		-0.31	
G3x-a20-h2-GA-4d-d18	$0.6f_{byk}$		0.07	
	f_{byk}		0.16	
G3x-a20-h2-GB-4d-d18	$0.6f_{byk}$		0.12	
	f_{byk}		0.18	
G3x-a20-h2-GB-5d-d18	$0.6f_{byk}$		-0.04	
	f_{byk}		-0.20	
G4x-a20-h2-GB-5d-d18	$0.6f_{byk}$		0.00	
	f_{byk}		0.05	
G3x-a20-h2-GB-4d-d16	$0.6f_{byk}$	0.00	-0.05	-0.05
	f_{byk}	-0.10	-0.07	-0.17
G3x-a20-h2-GB-5d-d16	$0.6f_{byk}$			-0.01
	f_{byk}			-0.02

5.5　设计方法

5.5.1　非弹性段长度计算

GDPS 套筒内腔结构对接头结构性能的影响分析表明,套筒环肋应均匀布置在钢筋非弹性段内,否则会削弱接头的结构性能,因此合理地确定非弹性段长度成为 GDPS 套筒设计的关键。

Sayadi 等[7-8]等同样发现在钢筋锚固段的弹性段增加套筒与灌浆料的机械咬合作用会降低接头的抗拉强度，并按 Sezen 等[10] 推荐的公式[式(5-6)～式(5-9)]对弹性段和非弹性段长度进行了计算：

$$l_{e} = f_{bu} \cdot d_{b}/4\tau_{e} \tag{5-6}$$

$$l_{ue} = (f_{bu} - f_{by}) \cdot d_{b}/4\tau_{ue} \tag{5-7}$$

$$\tau_{e} = 1.0\sqrt{f_{g}} \tag{5-8}$$

$$\tau_{ue} = 0.5\sqrt{f_{g}} \tag{5-9}$$

式中，f_{bu} 为钢筋抗拉强度，MPa；f_{by} 为钢筋屈服强度，MPa；f_{g} 为灌浆料抗压强度，MPa；ε_{bu} 为钢筋拉应变；ε_{by} 为钢筋屈服应变；τ_{e} 为钢筋弹性段均布黏结应力，MPa；τ_{ue} 为钢筋非弹性段均布黏结应力，MPa；l_{e} 为弹性段长度，mm；l_{ue} 为非弹性段长度，mm。

除 Sezen 等推荐的钢筋黏结应力计算公式外，其余学者也根据试验结果推出了钢筋混凝土构件中钢筋锚固弹性段的平均黏结应力计算公式：$\tau_{e} = 0.54\sqrt{f_{c}}$[11]，$\tau_{e} = 0.86\sqrt{f_{c}}$[12]。式中，$f_{c}$ 为混凝土抗压强度，MPa。但是，根据本书试验结果，按上述公式计算的非弹性段长度过大。以 B 类灌浆料试件为例，直径 16 mm、18 mm 和 20 mm 的连接钢筋接头，其非弹性段长度分别为 126 mm、147 mm 和 170 mm，已经达到或超过了 8 倍钢筋公称直径，在按上述公式计算的非弹性段内增加环肋数量或增大环肋间距即已造成钢筋黏结承载力降低。造成这一结果的原因为：

（1）按式(5-6)～式(5-9)计算的弹性段和非弹性段长度取决于钢筋的抗拉强度和屈服强度，然而本章发生钢筋拔出破坏的接头试件中，连接钢筋在拉力作用下并未达到其抗拉强度，从而造成非弹性段长度计算值过大。

（2）Sezen 等推荐的公式适用于梁柱节点中的钢筋锚固在混凝土中的情况，与灌浆套筒连接中的钢筋锚固情况并不完全一致。

为此，本节根据试验结果，对 Sezen 等推荐的模型进行了修正，如图 5-23 所示。钢筋黏结应力仍假定在钢筋弹性段和非弹性段均匀分布，但黏结应力采用了不同的计算方法。

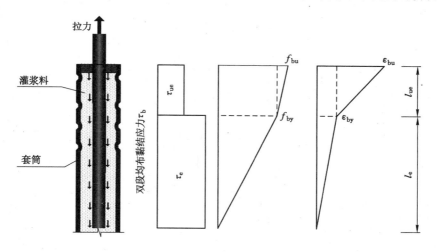

图 5-23 双段均布黏结应力模型

对于采用 1 道肋、肋高 0.5 mm 的 GDPS 套筒，钢筋锚固长度为 3.5 倍或 4 倍钢筋公称直径的接头试件,套筒环肋对接头的性能影响较小,并且连接钢筋尚未屈服即被拔出,黏结应力分布相对更均匀,可近似模拟钢筋弹性段在套筒灌浆连接接头中的黏结状态。因此采用此类试件的试验结果对套筒灌浆连接中的钢筋弹性段平均黏结应力进行推导,$\tau_e = \tau_b = P_u/(\pi \cdot d_b \cdot l_b)$,结果见表 5-11。可见,钢筋平均黏结应力 τ_e 与 $\sqrt{f_g}$ 的比值在 3.15~3.30 之间。由于 A 类和 A* 类、B 类和 B* 类灌浆料配比相同,仅龄期不同,因此本书统一对 A 类灌浆料 τ_e 取 $3.30\sqrt{f_g}$,B 类灌浆料 τ_e 取 $3.17\sqrt{f_g}$(系数取平均值)。

表 5-11　不同钢筋锚固长度试件的变形差

试件名称	灌浆料抗压强度 f_g/MPa	钢筋黏结应力 τ_e/MPa	$\tau_e/\sqrt{f_g}$
G145-a0-h0.5-GA*-4d-d18	69.0	27.41	3.30
G145-a0-h0.5-GB*-4d-d18	81.4	28.70	3.18
G145-a0-h0.5-GB*-3.5d-d20	81.4	28.43	3.15

钢筋断裂破坏试件的破坏形态表明:在钢筋非弹性段,钢筋从套筒端部逐肋向内部发生了黏结滑移,钢筋横肋背面与灌浆料拉脱(间隙逐肋向内减小),肋前灌浆料被局部压碎[9],因此该段的黏结强度主要来自摩擦力,类似于残余黏结强度。根据 CEB-FIP Model Code 1990 [13] 中的建议:约束混凝土条件下钢筋残余黏结强度可取极限黏结强度的 40%。因此,钢筋非弹性段黏结应力 τ_{ue} 取 $0.4\tau_e$。钢筋非弹性段长度(l_{ue})按式(5-7)计算,弹性段长度(l_e)计算公式修正为:

$$l_e = (0.25 f_{bu} \cdot d_b - \tau_{ue} \cdot l_{ue})/\tau_e \tag{5-10}$$

以 B 类灌浆料试件为例,当套筒按钢筋断裂破坏设计时,钢筋非弹性段长度的计算值见表 5-12。由表中数据可见,若按本书套筒环肋的设计规律,对于 d16、d18 钢筋连接接头,钢筋非弹性段长度边界位于第 3 道肋附近;对于公称直径 20 mm 的钢筋连接接头试件,钢筋非弹性段长度边界位于第 4 道肋附近,与试验结果基本吻合。同时需要说明的是,当接头为钢筋拔出破坏时,非弹性段长度小于表中数值,并且拔出荷载越小,钢筋非弹性段长度越小,当钢筋未屈服时,非弹性段长度为 0。这也是为何图 5-10 中所示的 2 道肋 GDPS 套筒接头试件,当环肋间距从 25 mm 增加至 45 mm 时,接头承载力显著下降的原因。

表 5-12　钢筋非弹性段长度

d_b/mm	f_g/MPa	f_{by}/MPa	f_{bu}/MPa	τ_e/MPa	τ_{ue}/MPa	l_e/mm	l_{ue}/mm
16	91.8	451	621	30.37	12.15	59	56
18	91.8	425	567	30.37	12.15	63	53
20	91.8	451	610	30.37	12.15	74	65

5.5.2　GDPS 套筒灌浆连接设计方法

(1)套筒截面尺寸的基本要求

JG/T 398—2012 及 JGJ 355—2015 规定钢筋套筒灌浆连接应按 JGJ 107—2016 进行形式检验。JGJ 107—2016 规定Ⅰ级接头应断于钢筋或接头抗拉强度应不小于 1.1 倍钢筋抗拉强度标准值。JGJ 355—2015 则对套筒灌浆连接提出了更高的强度要求:接头应断于钢筋或接头抗拉强度不小于 1.15 倍钢筋抗拉强度标准值。若不考虑套筒凹槽处的应力集中,套筒受力最大处位于套筒中部,忽略灌浆料的抗拉强度,则套筒截面应满足式(5-11)要求:

$$f_{syk} \times A_s \geqslant 1.15 \times f_{buk} \times A_b \tag{5-11}$$

式中,A_s 为套筒中部截面面积,mm²;f_{buk} 为钢筋抗拉强度标准值,MPa;A_b 为钢筋公称截面面积,mm²。根据本书第 2 章的可行性试验结果,为避免套筒产生过大的塑性变形,f_{syk} 宜取套筒屈服强度标准值。

同时,套筒尺寸还应满足现场安装的要求,JG/T 398—2012 及 JGJ 355—2015 规定了对于公称直径 12~25 mm 的连接钢筋,锚固段环形凸起部分的内径最小尺寸与钢筋公称直径差值不宜小于 10 mm。根据试验结果,当 GDPS 套筒两端设置较多的环肋时,套筒内径在满足现场安装要求的基础上宜取较小值,灌浆料浆体厚度可取 8~9 mm。

(2)套筒内腔构造

GDPS 套筒灌浆连接接头试件的参数化分析表明:套筒环肋的数量、间距及内壁凸起高度均对连接的结构性能(承载力和变形)有影响,因此应合理布置套筒环肋,可按以下原则进行设计:

① 环肋应尽可能布置在钢筋锚固段的非弹性段,非弹性段长度计算方法前已述及。

② 为满足变形要求,环肋数量不应小于 3 道,环肋间距根据 GDPS 套筒滚压工艺要求可取 20 mm 左右,连接钢筋直径越大,抗拉强度越高,则需设置更多的环肋。

③ 环肋内壁凸起高度根据受力要求及滚压工艺要求宜取 1.5~2.5 mm,环肋数量较多时取小值,环肋数量少时取大值。同时,连接钢筋直径越大,强度等级越高,环肋高度应适当提高。

(3)灌浆料性能

JGJ 355—2015 对灌浆料的强度要求有明确规定:钢筋连接用套筒灌浆料 28 d 抗压强度不应小于 85 MPa;形式检验试验时,灌浆料抗压强度不应小于 80 MPa,且不应大于 95 MPa。

根据本书 GDPS 套筒灌浆连接参数试验研究结果,灌浆料强度越高,接头的抗拉承载力越高。但在规范对灌浆料强度限定的基础上,可通过适当提高灌浆料的膨胀率来提高接头的结构性能。

(4)钢筋锚固长度

JGJ 355—2015 考虑到我国钢筋的外形尺寸及工程实际情况,提出了灌浆连接端用于钢筋锚固的深度不宜小于插入钢筋公称直径的 8 倍的要求。而根据本书试验结果,对于尺寸及构造合理的灌浆套筒,当灌浆料强度满足 80~95 MPa 时,钢筋锚固深度满足 6 倍钢筋公称直径时接头即发生钢筋断裂破坏,满足 7 倍钢筋公称直径时接头变形即满足规范要求。因此,JGJ 355—2015 规定的钢筋锚固长度有较大的安全储备。为节约钢材,在加强施工现场管理,确保现场灌浆质量及钢筋规定插入深度的前提下,钢筋锚固长度可适当减小。

(5)钢筋套筒灌浆连接黏结承载力计算

根据本书试验结果,当套筒环肋按本书中提出的构造要求合理布置时,环肋数量及高度的变化对接头承载力的影响很小,承载力差值基本在 5% 以内。因此,本书套筒灌浆连接接头承载力计算中不考虑套筒内腔结构的影响,而是作为构造要求对 GDPS 套筒加以控制。

同时，GDPS 套筒灌浆连接的参数分析表明：对接头承载力有影响的参数包括钢筋直径 d_b(mm)、套筒径厚比 R_s、灌浆料浆体厚度 t_g(mm)、钢筋锚固长度 l_b(mm) 及灌浆料强度 f_g(MPa)。因此，考虑以上参数，根据发生拔出破坏的接头试件的承载力试验值，采用多元非线性回归方法对接头黏结承载力计算公式进行推导。由于每端仅设置 1 道环肋及每端设置 2 道环肋，但内壁凸起高度小于 1.0 mm 的 GDPS 套筒明显不满足构造要求，回归分析中不考虑此类套筒接头试件。最终 GDPS 套筒灌浆连接接头承载力回归公式如下：

$$P_{u,cal} = 2.6d_b^{1.5} - 9.3R_s - 5.3t_g + 2.0\left(\frac{l_b}{d_b}\right)^{1.95} + 0.65f_g \tag{5-12}$$

式中，$P_{u,cal}$ 为套筒灌浆连接黏结承载力计算值，kN。可以看出，接头黏结承载力随着钢筋直径、锚固长度及灌浆料强度的增大而增大，随着套筒径厚比及灌浆料浆体厚度的增加而减小，与试验结果吻合。

表 5-13 为接头承载力试验值与计算值的对比结果，可见试验值与计算值的比值 R_r 接近于 1.0，R_r 均值为 0.994，标准偏差为 0.072，两者吻合良好。因此，在合理地布置套筒内腔环肋的基础上，采用式（5-12）可对套筒灌浆连接接头的承载力进行预测，该公式形式简单，便于工程应用。但由于本书公式的推出是基于小直径钢筋套筒灌浆连接接头的拉拔试验结果，对于大直径钢筋套筒灌浆连接接头，由于钢筋外形尺寸等的显著变化，尚需在本书公式的基础上对系数进行修正。

表 5-13　接头承载力计算值与试验值对比结果

构件名称	d_b /mm	R_s	t_g /mm	$\frac{l_b}{d_b}$	f_g /MPa	$P_{u,cal}$ /kN	$P_{u,exp}$ /kN	R_r
G345-a20-h2-GB-4d-d18	18	11.25	9.5	4	91.8	133.1	124.5	0.94
G345-a20-h2-GB-5d-d18	18	11.25	9.5	5	91.8	149.4	139.8	0.94
G445-a20-h2-GB-5d-d18	18	11.25	9.5	5	91.8	149.4	140.2	0.94
G345-a20-h1-GB-5d-d18	18	11.25	9.5	5	91.8	149.4	142.5	0.95
G345-a20-h1.5-GB-5d-d18	18	11.25	9.5	5	91.8	149.4	147.7	0.99
G445-a20-h1-GB-5d-d18	18	11.25	9.5	5	91.8	149.4	145.1	0.97
G445-a20-h1.5-GB-5d-d18	18	11.25	9.5	5	91.8	149.4	144.6	0.97
G345-a35-h2-GB-5d-d18	18	11.25	9.5	5	91.8	149.4	143.7	0.96
G345-a20-h2-GC-4d-d18	18	11.25	9.5	4	70.8	119.5	107.3	0.90
G445-a20-h2-GC-5d-d18	18	11.25	9.5	5	70.8	135.7	128.9	0.95
G345-a20-h2-GC-6d-d18	18	11.25	9.5	6	70.8	155.4	130.8	0.84
G445-a20-h2-GC-6d-d18	18	11.25	9.5	6	70.8	155.4	140.3	0.90
G445-a20-h2-GA-5d-d18	18	11.25	9.5	5	85.3	145.2	145	1.00
G342-a20-h2-GB-4d-d18	18	12	8.5	4	91.8	131.4	135	1.03
G342-a20-h2-GB-5d-d18	18	12	8.5	5	91.8	147.7	143.7	0.97
G342-a20-h2-GB-4d-d16	16	12	9.5	4	91.8	94.0	99.8	1.06
G342-a20-h2-GA-5d-d16	16	12	9.5	5	85.3	106.0	114.6	1.08

表 5-13(续)

构件名称	d_b /mm	R_s	t_g /mm	$\dfrac{l_b}{d_b}$	f_g /MPa	$P_{u,cal}$ /kN	$P_{u,exp}$ /kN	R_r
G342-a20-h1-GB-5d-d16	16	12	9.5	5	91.8	110.3	118.5	1.07
G342-a20-h1.5-GB-5d-d16	16	12	9.5	5	91.8	110.3	115.2	1.04
G342-a30-h2-GB-5d-d16	16	12	9.5	5	91.8	110.3	119	1.08
G345-a20-h2-GB-4d-d16	16	11.25	10.5	4	91.8	95.7	105.2	1.10
G345-a20-h2-GB-5d-d16	16	11.25	10.5	5	91.8	111.9	119.2	1.06
G338-a20-h2-GB-4d-d16	16	12.67	8	4	91.8	95.7	105	1.10
G338-a20-h2-GB-5d-d16	16	12.67	8	5	91.8	112.0	116.8	1.04
G345-a20-h2-GA-4d-d18	18	11.25	9.5	4	85.3	128.9	125.3	0.97
G342-a20-h2-GC-5d-d16	16	12	9.5	5	70.8	96.6	96.6	1.00
G342-a20-h2-GC-6d-d16	16	12	9.5	6	70.8	116.3	111.9	0.96
G442-a20-h2-GC-6d-d16	16	12	9.5	6	70.8	116.3	105.1	0.90
G342-a20-h2-GA-4d-d18	18	12	8.5	4	85.3	127.2	138.2	1.09
G445-a20-h1.0-GA-5d-d18	18	11.25	9.5	5	85.3	145.2	144.9	1.00
G445-a20-h1.0-GC-5d-d18	18	11.25	9.5	5	70.8	135.7	127.7	0.94
G345-a20-h0.5-GA*-4d-d18	18	11.25	9.5	4	69.0	118.3	124.3	1.05
G345-a20-h0.5-GB*-4d-d18	18	11.25	9.5	4	81.4	126.3	119.3	0.94
G345-a20-h0.5-GB*-3.5-d20	20	11.25	8.5	3.5	81.4	158.8	137.3	0.86
G345-a20-h1.5-GA*-4d-d18	18	11.25	9.5	4	69.0	118.3	136.3	1.15
G345-a20-h1.5-GB*-4d-d18	18	11.25	9.5	4	81.4	126.3	133.4	1.06
G345-a20-h1.5-GB*-3.5d-d20	20	11.25	8.5	3.5	81.4	158.8	153.1	0.96

综上所述,GDPS套筒的设计思路如下:① 根据规范接头承载力要求[式(5-10)]初步选择加工套筒用的钢管材性及规格;② 按本书构造要求合理确定套筒内腔环肋数量、环肋间距及内壁凸起高度;③ 按式(5-12)复核接头承载力,承载力计算值应满足式(5-13)的要求。

$$P_{u,cal} \geqslant \varphi \cdot f_{buk} \cdot A_b \qquad (5-13)$$

式中,φ 为钢筋超强系数,根据 JGJ 355—2015,取 1.15。

5.6　本章小结

本章根据 95 组套筒灌浆连接接头试件的单向拉伸试验结果,对 GDPS套筒灌浆连接接头的结构性能进行了参数化研究,重点考察了套筒内腔结构、钢筋锚固长度、灌浆料性能及钢管规格对接头强度和变形性能的影响,主要得出以下结论:

(1) 对于 GDPS套筒,当灌浆料强度满足 85~95 MPa 时,钢筋锚固深度为 6 倍钢筋公称直径时接头即发生钢筋断裂破坏。GDPS套筒每端仅设 1 道肋即可避免接头出现套筒-灌浆料黏结破坏,但因残余变形过大,不满足正常使用状态要求。

（2）套筒内腔结构对钢筋套筒灌浆连接接头的强度和变形均有影响。当环肋均位于钢筋非弹性段时，环肋数量及内壁凸起高度的增加会提高接头的强度并减小接头残余变形；当环肋位于钢筋弹性段时，则会降低接头强度并增加残余变形。

（3）钢筋锚固长度越小，内腔结构的变化对接头性能的影响越大。当灌浆料强度较高，钢筋锚固长度达到5倍钢筋公称直径时，环肋数量和凸起高度的增加并不能有效提高接头的抗拉强度，强度变化幅度在5%以内。

（4）随着钢筋锚固长度的增加，接头承载力提高，钢筋屈服前的残余变形越小，但由于黏结应力沿锚固长度非均匀分布，钢筋黏结强度随锚固长度的增加而降低。

（5）灌浆料强度越高，接头承载力越高，钢筋屈服前的残余变形越小，性能越好。随着环肋数量增加，灌浆料性能对接头承载力及刚度的影响降低。对于强度相同的灌浆料，体积膨胀率较大的灌浆料接头试件的抗拉强度更高，残余变形更小，性能更好。

（6）GDPS套筒加工用钢管的径厚比及接头浆体厚度影响套筒的约束作用，进而影响接头的承载力及变形性能。环肋数量仅1、2道时，套筒径厚比越大，接头承载力越高，钢筋屈服前的残余变形越小；环肋数量较多时，钢管径厚比相近的接头试件，浆体厚度较薄的接头承载力更高，残余变形更小。

（7）根据参数分析结果，提出了GDPS套筒灌浆连接接头的设计方法，包括钢筋非弹性段的计算方法、套筒构造要求等，并推出了五参数钢筋黏结承载力计算经验公式。该公式计算值与试验值吻合良好。

5.7 参考文献

[1] ENIEA A，YAMANE T，TADROS M K. Grout-filled pipe splices for precast concrete construction[J]. PCI journal，1995，40(1)：82-93.

[2] LEE S H，KIM H K，LEE S H，et al. Development of steel pipe splice sleeve for high strength reinforcing bar（SD500）and estimation of its structural performance under monotonic loading[J]. Journal of the Korea institute for structural maintenance and inspection，2007，11(6)：169-180.

[3] KIM H K. Structural performance of steel pipe splice for SD500 high-strength reinforcing bar under cyclic loading[J]. Architectural research，2008，10(1)：13-23.

[4] LING J H，ABD RAHMAN A B，IBRAHIM I S，et al. Behaviour of grouted pipe splice under incremental tensile load[J]. Construction and building materials，2012(33)：90-98.

[5] LING J H，ABD R A B，IBRAHIM I S. Feasibility study of grouted splice connector under tensile load[J]. Construction and building materials，2014(50)：530-539.

[6] HENIN E，MORCOUS G. Non-proprietary bar splice sleeve for precast concrete construction[J]. Engineering structures，2015(83)：154-162.

[7] SAYADI A A，RAHMAN A B A，JUMAAT M Z B，et al. The relationship between interlocking mechanism and bond strength in elastic and inelastic segment of splice sleeve[J]. Construction and building materials，2014(55)：227-237.

[8] SAYADI A A,RAHMAN A B A,SAYADI A,et al. Effective of elastic and inelastic zone on behavior of glass fiber reinforced polymer splice sleeve[J]. Construction and building materials,2015(80):38-47.

[9] 郑永峰,郭正兴,曹江. 新型灌浆套筒的约束机理及约束应力分布[J]. 哈尔滨工业大学学报,2015,47(12):106-111.

[10] SEZEN H,MOEHLE J P. Bond-slip behavior of reinforced concrete members[C]. Proceedings of Fib Symposium on Concrete Structures in Seismic Regions,2003.

[11] OTANI S,SOZEN M A. Behavior of multistory reinforced concrete frames during earthquakes[R]. University of Illinois Engineering Experiment Station,1972.

[12] ALSIWAT J M,SAATCIOGLU M. Reinforcement anchorage slip under monotonic loading[J]. Journal of structural engineering,1992,118(9):2421-2438.

[13] COMITÉ EURO-INTERNATIONAL DU BÉTON. CEB-FIP Model Code 1990:design code[S]. Telford:Thomas Telford,1993.

第6章 GDPS套筒灌浆连接辅助配件的研发及施工工艺

6.1 引言

为便于GDPS灌浆套筒的推广应用,解决套筒灌浆连接施工应用细节,本章根据套筒特点,对套筒专用的钢筋限位销、端部密封塞、灌浆出浆嘴、模板固定件等配套产品进行了设计研究。同时,钢筋套筒灌浆连接施工质量是影响钢筋连接结构性能的关键因素,应对其施工全过程进行质量控制,编制详细的施工方案。因此,本章对钢筋套筒灌浆连接的施工工艺进行了研究,具体包括灌浆套筒在预制生产过程中的定位、构件安装定位与支撑、灌浆料拌和、灌浆施工、检查与修补等内容。

6.2 GDPS套筒灌浆连接辅助配件的研发

图6-1所示为GDPS灌浆套筒、配套灌浆嘴、出浆嘴及中部钢筋限位销,灌浆嘴和出浆嘴采用铝管制作,通过外接PVC管引出预制构件外表面。钢筋限位销用于限制钢筋的插入深度,避免钢筋插入过深而影响另一端钢筋的锚固长度。

图6-1 GDPS灌浆套筒

图6-2所示为套筒端部密封塞,密封塞采用橡胶制作,作用是确保预制构件混凝土浇筑过程中混凝土不会流入套筒内影响钢筋的黏结强度。因此,密封塞内腔及外壁设有多道凸台,从而与套筒和连接钢筋紧密贴合。同时,密封塞应有一定厚度及柔软度,以便于连接钢

筋对中及方便安装。

图 6-2　套筒端部密封塞

图 6-3 所示为套筒模板固定件,是由圆筒形橡胶环、螺杆、螺母及垫片等组成的一个定位与密封用装置,用于把灌浆套筒固定于端模板上并实现密封,防止预制构件混凝土浇筑时混凝土进入套筒内,混凝土硬化后固定件可取下来,不作为结构连接的一部分,因而可以重复使用。为保证固定件的密封性,橡胶环的长度与套筒内腔构造结合,通过螺栓的松紧度,利用橡胶的弹性,实现固定件与套筒的密封及固定件的重复利用。

图 6-3　模板固定件

6.3　套筒灌浆连接施工工艺

钢筋套筒灌浆连接分两个阶段进行,第一阶段在预制构件加工厂,第二阶段在结构安装现场。

6.3.1　构件预制阶段

构件在工厂预制阶段的施工工艺流程如图 6-4 所示。

预制构件连接钢筋及灌浆套筒的安装应采取可靠措施,以保证钢筋在全灌浆套筒中的插入深度、灌浆套筒与构件底部模板的垂直、灌浆套筒的可靠密封、灌浆管与出浆管的准确定位等[1]。

6.3.1.1　钢筋和套筒的定位

预制构件的连接钢筋和套筒位置准确,是保证现场顺利安装和连接的关键。高精度模具和专用工装是保证连接钢筋和套筒位置准确的必要手段。预制构件在现场安装时,钢筋顺利插入套筒,灌浆料充满套筒和钢筋周围的间隙,连接质量才能达到设计要求。

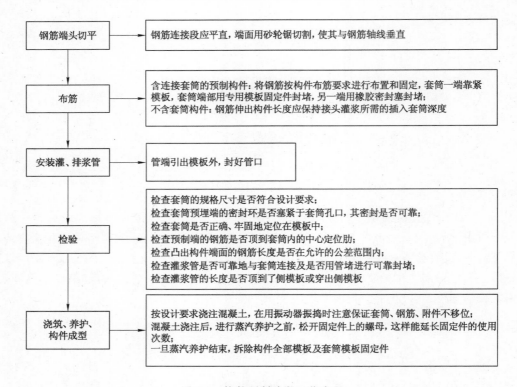

图 6-4　构件预制阶段工艺流程

采用专业的模板，配备专用的钢筋、套筒固定件，如图 6-5、图 6-6 所示。模板上加工的钢筋、套筒定位孔位置偏差控制在±0.5 mm 范围内；专用固定件与模板的安装间隙不超过 1.0 mm；专用固定件固定钢筋或套筒后的轴线偏差应控制在±0.5 mm 范围内[2]。套筒固定在模板上后，用箍筋固定套筒另一端，连接钢筋插入套筒后也用箍筋固定，防止套筒内钢筋偏斜或钢筋位置窜动。

图 6-5　连接钢筋和模板

6.3.1.2　设置灌浆的灌浆管和排浆管

套筒灌浆可分为重力式灌浆和泵压灌浆。对于重力式灌浆，套筒通常预埋在竖向构件

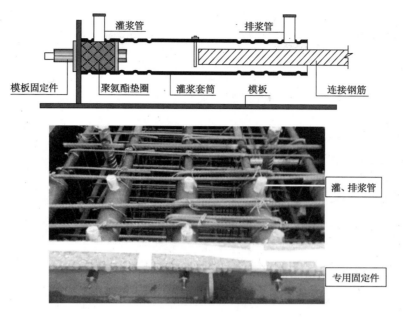

图 6-6　拼装灌浆套筒和模板

的上端,此类灌浆方式不需埋设灌、排浆管。而对于泵压灌浆,则应合理地布设灌、排浆管,将灌浆嘴和出浆嘴引至构件表面。图 6-7 所示为连接受限制时灌、排浆管的布置,图 6-8 所示为连接无限制时灌、排浆管的布置。灌浆和排浆管应采用合格的 PVC 管,不应使用软管,防止在现场浆液充满套筒,因为软管有可能在预制混凝土构件加工时造成破裂或扭结。

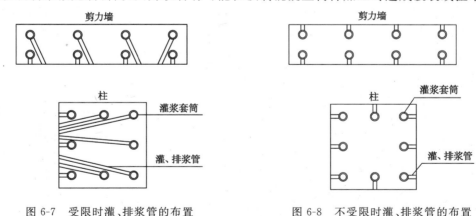

图 6-7　受限时灌、排浆管的布置　　　　　图 6-8　不受限时灌、排浆管的布置

6.3.2　现场安装阶段

6.3.2.1　预制构件定位、安装

(1) 预制构件安装前,应清洁预制构件连接部位的连接面,并确认套筒内、灌浆管及排浆管内无异物。

(2) 预制构件吊装前,应检查构件的类型与编号;就位前应清洁构件接合面,去除表面黏连的混凝土、砂浆等杂物；当外露连接钢筋倾斜时，应进行校正。

（3）当采用灌浆套筒各自独立灌浆时，应在吊装前在支承构件上浇筑坐浆层；当采用连通腔灌浆时，应在预制构件及其支承构件间设置钢垫片，垫片不宜少于 4 处。可通过垫片调整预制构件的底部标高和构件垂直度。

（4）预制构件安装过程中，应根据水准点和轴线校正位置；安装就位后，应及时采取临时固定措施，可通过临时支撑对构件的位置和垂直度进行微调。临时固定措施应符合现行国家标准《混凝土结构工程施工规范》（GB 50666—2011）[3] 的有关规定，以确保灌浆过程及养护阶段（尤其是养护早期）构件的稳定，避免扰动影响钢筋的黏结强度。

6.3.2.2 灌浆前准备工作

应根据构件类型合理选择灌浆施工及构件安装方式。钢筋水平连接时，灌浆套筒应各自独立灌浆；竖向构件宜采用连通腔灌浆，并应合理划分连通灌浆区域。采用连通腔灌浆方式时，灌浆施工前应对各连通灌浆区域进行封堵，且封堵材料不应减小接合面的设计面积。考虑灌浆施工的持续时间及可靠性，连通灌浆区域不宜过大，每个连通灌浆区域内任意两个灌浆套筒最大距离不宜超过 1 m。常规尺寸的预制柱多为一个连通灌浆区域，而预制墙一般按 1 m 范围划分连通灌浆区域[3]。

灌浆作业应由经过专项培训的人员操作，在施工时按照规范执行。灌浆料拌和水应采用饮用水，采用其他水时，应符合《混凝土用水标准》（JGJ 63—2006）[4] 的规定。灌浆料进场时，应检查其产品合格证以及出厂检验报告，确保包装袋密封完好，产品外观无受潮结块等异常，并应确认灌浆料在产品有效期内。

6.3.2.3 灌浆施工

（1）搅拌及测试

按产品规定的比例，称取灌浆料干粉和水。先加入 70% 灌浆料，搅拌约 1～2 min 之后，将剩余 30% 料加入，并搅拌均匀。一般情况搅拌约 3～5 min，搅拌均匀后，静置约 2 min 以消除气泡。拌制浆料过程及拌制成浆料后，均应防止异物混入，并应及时清洗搅拌器具等，禁止凝固或即将凝固的浆料混入拌制的浆料中。

《钢筋套筒灌浆连接应用技术规程》（JGJ 355—2015）[5] 规定，灌浆施工中每工作班应检查灌浆料拌和物初始流动度不少于 1 次，灌浆料强度检验试件的留置数量应符合验收及施工控制要求。不同环境温度下，浆料的流动度与室温条件指标存在差异，但现场条件拌制的灌浆料的流动度必须满足灌浆作业的要求；每班生产开始时，应记录料温和水温，测试浆料的流动度，当现场环境温度变化较大时，重新测量浆料的流动度。当流动度不满足规范要求时，不应通过加水或加灌浆料干粉来改变流动度，而应重新拌和。

（2）灌浆工艺

JGJ 355—2015 对灌浆施工提出了详细的要求：灌浆操作全过程应有专职检验人员负责现场监督并及时形成施工检查记录，检查记录应包括可以证明灌浆施工质量的照片、录像资料。

环境温度应符合灌浆料产品使用说明书的要求。温度过高时，可能会迅速削弱灌浆料的工作性能，拌和物流动度降低并加快凝结硬化，降低灌浆料强度；温度过低时，则造成灌浆料凝固缓慢，强度停止增长。因此，当环境温度高于 30 ℃ 或低于 5 ℃ 时，应采取降温或加热措施。降温措施可采用将灌浆料置于温度较低的房间直到搅拌前或采用冰水拌和灌浆料等方法；加热措施包括：将灌浆料置于温暖房间内直到搅拌前，或采用电热器等取暖设备加热等。

采用压浆法灌浆时，应从灌浆套筒下灌浆孔注入；连通腔灌浆宜采用一点灌浆的方式，浆料从套筒下灌浆孔进入灌浆连通腔，充满连通腔后，再在压力作用下向上流入该腔所连的各个接头的套筒，直至从预设套筒上方的排浆孔流出，如图 6-9 所示。灌浆过程中不得更换灌浆孔，且需连续灌注，不得断料，严禁从出浆孔进行灌浆。灌浆压力通常采用 1 MPa 且能满足 3 m 长的墙或 1 m×1 m 的柱子的灌浆需求，当尺寸超过时需进行分仓灌注。

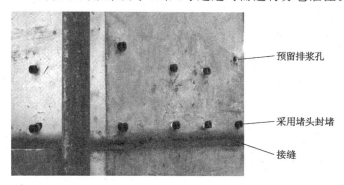

图 6-9　连通腔单点灌浆方式

灌浆料宜在加水后 30 min 内用完，剩余的拌和物不得再次添加灌浆料、水后混合使用。在构件灌浆完成 5～10 min 时，应对所有套筒进行检查，取下排浆孔的橡胶堵头，检查孔内灌浆料位置，所有出浆口均应出浆，灌浆料上表面应高于孔下缘至少 5 mm。检查完后再次封堵，待灌浆料凝固后拆除。浆料面低于排浆孔下缘时，应在浆料初凝前进行补灌。

灌浆完成后，环境温度在灌浆料工作温度区间内时，24 h 内采用专用机具对构件进行固定和保护，不得受到冲击或振动；当温度较低时，保护时间适当延长。当环境温度低于 5 ℃时，应将构件灌浆部位加热到 5 ℃以上并采取包裹棉被等方式保温 3 d 以上，防止套筒内灌浆料及接缝处坐浆层结冰。

当发现无法出浆或灌浆不饱满时，应及时查明原因并采取以下措施：对于未密实饱满的竖向连接，当在灌浆料加水 30 min 内时，应首选在灌浆孔补灌；当灌浆料拌和物已无法流动时，可从排浆孔补灌，并应采用手动设备结合细管压力灌浆；补灌应在灌浆料拌和物达到设计规定的位置后停止，并应在灌浆料凝固后再次检查其位置是否符合设计要求；对竖向连接灌浆施工，当灌浆料拌和物未凝固并具备条件时，宜将构件吊起后清洗套筒、构件接合面及连接钢筋，并重新进行安装、灌浆。

灌浆料同条件养护试件的抗压强度达到 35 MPa 并确保结构达到后续施工承载要求后，方可拆除预制构件的临时支撑及进行上部结构吊装与施工。

6.3.2.4　质量检验

不同于现浇混凝土结构施工，钢筋套筒灌浆连接的质检应向前延伸至预制构件生产前，从灌浆料及灌浆套筒进场开始，贯穿预制构件加工及现场安装阶段。具体检验内容如下：

（1）施工前应首先核查接头提供单位提交的所有规格的钢筋套筒灌浆连接接头形式检

验报告,确认报告是否在 4 年有效期内,可按套筒进场之日计算。

(2)灌浆套筒和灌浆料进场时,应按 JGJ 355—2015 的要求对套筒外观质量、尺寸偏差、材质报告、灌浆料物理力学性能等进行检验,检验结果应符合 JG/T 398—2012[6]、JG/T 408—2013[7] 及 JGJ 355—2015 的有关规定。

(3)灌浆套筒进厂(场)时,应在构件生产前抽取套筒,并采用与之匹配的灌浆料制作对中连接接头进行钢筋套筒灌浆连接接头的抗拉强度试验,检验结果应满足 JGJ 355—2015 的有关规定。检查数量:同一原材料、同一炉(批)号、同一类型、同一规格的灌浆套筒检验批量不应大于 1 000 个,每批随机抽取 3 个灌浆套筒制作接头,并应制作不少于 1 组 40 mm× 40 mm×160 mm 灌浆料强度试件。试件标准养护 28 d 后进行强度测试,不可复检。

(4)套筒灌浆前,应在现场模拟构件连接接头的灌浆方式,每种钢筋规格应制作不少于 3 个套筒灌浆连接接头试件和不少于 1 组灌浆料强度试件,进行灌浆质量、接头抗拉强度、屈服强度及残余变形的检验。

接头试件及灌浆料试件应在标准养护条件下养护 28 d,第一次工艺检验中 1 个试件抗拉强度或 3 个试件的残余变形平均值不合格时,可再抽 3 个试件进行复检,复检仍不合格判为工艺检验不合格。工艺检验应由具有相应资质的检测机构进行,并出具检验报告。

(5)灌浆施工中,每工作班取样不得少于 1 次,每楼层取样不得少于 3 次。每次抽取 1 组 40 mm×40 mm×160 mm 的试件,标准养护 28 d 后进行抗压强度试验,强度符合 JGJ 355—2015 的有关规定。

(6)通过观察和灌浆施工记录,检查灌浆是否密实饱满,所有出浆口均应出浆。

6.4 本章小结

钢筋套筒灌浆连接技术是装配整体式混凝土结构中最主要的一种钢筋连接方式,是保证结构整体性的基础。为促进 GDPS 灌浆套筒的推广应用,本章在国内外研究的基础上,结合 GDPS 套筒的加工工艺及构造特点,对其附属的钢筋限位销、端部密封塞、灌浆出浆嘴、模板固定件进行了研发。同时,为确保钢筋套筒灌浆连接的施工质量,对连接施工工艺进行了研究。

6.5 参考文献

[1] 王晓锋,沙安,洪洁,等.行业标准《钢筋套筒灌浆连接应用技术规程》(JGJ 355—2015)编制概况[J].混凝土世界,2015(7):8-13.
[2] 秦珩,钱冠龙.钢筋套筒灌浆连接施工质量控制措施[J].施工技术,2013,42(14):113-117.
[3] 中华人民共和国住房和城乡建设部.混凝土结构工程施工规范:GB 50666—2011[S].北京:中国建筑工业出版社,2011.
[4] 中华人民共和国住房和城乡建设部.混凝土用水标准:JGJ 63—2006[S].北京:中国建筑工业出版社,2006.
[5] 中华人民共和国住房和城乡建设部.钢筋套筒灌浆连接应用技术规程:JGJ 355—2015

[S].北京：中国建筑工业出版社,2015.

[6] 中华人民共和国住房和城乡建设部.钢筋连接用灌浆套筒:JG/T 398—2012[S].北京：中国标准出版社,2013.

[7] 中华人民共和国住房和城乡建设部.钢筋连接用套筒灌浆料:JG/T 408—2013[S].北京：中国标准出版社,2013.